Der Sternhimmel in unseren Breiten im Sommer

Meyers
Kinder-Weltatlas

Meyers Kinderbücher

ABC-Duden
Kinderduden
Kinderlexikon
Kinder-Rechenduden
The English Kinderduden
Meyers Sternbuch für Kinder
Meyers Kinder-Verkehrsbuch
Meyers Kinder-Weltatlas
Meyers Kinder-Spielbuch
Meyers Trick- und Zauberbuch für Kinder
Meyers Kinderknigge
Meyers Tierbuch für Kinder
Max und Moritz u.a. Bildgeschichten
Till Eulenspiegels lustige Streiche

Meyers Kinder-Weltatlas

2., verbesserte und erweiterte Auflage

Herausgegeben vom Jugendbuchlektorat und den Fachredaktionen des Bibliographischen Instituts

Bibliographisches Institut Mannheim/Wien/Zürich
Jugendbuchverlag

Texte: Erwin Könnecke
Bildkarten und Abbildungen: Joachim Schmidt
Sternhimmel auf dem Vor- und Nachsatz:
Gisela Werner

Satz: Zechnersche Buchdruckerei, Speyer
Druck: Klambt-Druck GmbH, Speyer
Bindearbeiten: G. Lachenmaier, Reutlingen
Printed in Germany
ISBN 3-411-00955-1
C

Inhaltsverzeichnis

Liebe Kinder!

Hier stellen wir Euch ein neues Buch aus dem Dudenverlag vor, das genau wie der Kinderduden — den Ihr sicher schon kennt — nur für Euch bestimmt ist. Ihr habt sicherlich schon gesehen, daß es ein Atlas ist. Meyers Kinder-Weltatlas, so heißt das neue Buch für Euch, sieht ganz anders aus als der Atlas, den Euer Vater in seinem Bücherschrank stehen hat.

Warum?

Das wollen wir Euch jetzt erklären.

Wir glauben nämlich, daß Ihr, liebe Kinder, in einem großen Weltatlas noch nicht recht lesen könnt. Wir glauben aber auch, daß Ihr gern etwas über die weite Welt erfahren wollt. Wenn Ihr die Erwachsenen zum Beispiel über Amerika oder über China reden hört, dann wollt Ihr sicherlich noch mehr darüber wissen. Manchmal wird auch über Tiere und Menschen in fernen Ländern gesprochen, und dann hätten viele von Euch vielleicht gern genauer darüber Bescheid gewußt.

Dabei will Euch nun Meyers Kinder-Weltatlas helfen.

Ihr habt natürlich längst entdeckt, daß die vielen Landkarten in Euerm neuen Buch mit lauter bunten Gegenständen, fremd aussehenden Menschen und verschiedenen Tieren bemalt sind. Diese Tiere gibt es in den betreffenden Ländern, und so wie auf den bunten Landkarten sehen auch die Menschen in diesen Ländern aus. Wenn Ihr Euch die 28 Karten genau anseht, könnt Ihr sehr viel aus ihnen herauslesen.

Zu jeder Karte gehört eine Liste mit Nummern. Jede Nummer findet Ihr sowohl auf der Karte wie in der Liste. Jeder Gegenstand, jeder abgebildete Mensch und jedes gemalte Tier ist in der numerierten Liste erklärt. Außerdem gehört zu jeder Karte noch eine kleine Geschichte. In den Geschichten trefft Ihr die beiden Kinder Peter und Monika, die Ihr schon aus dem Kinderduden kennt. Außerdem lernt Ihr noch deren Eltern und das Baby, den Kapitän Hansen mit seinem Sohn und einige weitere Personen kennen.

Beim Betrachten der hübschen bunten Landkarten und beim Lesen der Geschichten wünschen wir Euch allen viel Spaß. Eure Eltern und Lehrer werden sich freuen, wenn Ihr Euch merkt, welche Tiere und Pflanzen es gibt und wie sie aussehen.

Sicher werdet Ihr wissen wollen, warum dieses Buch „Meyers Kinderweltatlas" heißt. Es ist nach Joseph Meyer benannt, der 1826 unseren Verlag gegründet hat. Er hat viele Nachschlagewerke und andere Bücher unter seinem Namen herausgegeben, und ebenso haben dies sein Sohn und seine Enkel getan.

Viel Spaß beim Lesen
wünscht Euch der Verlag von Joseph Meyer

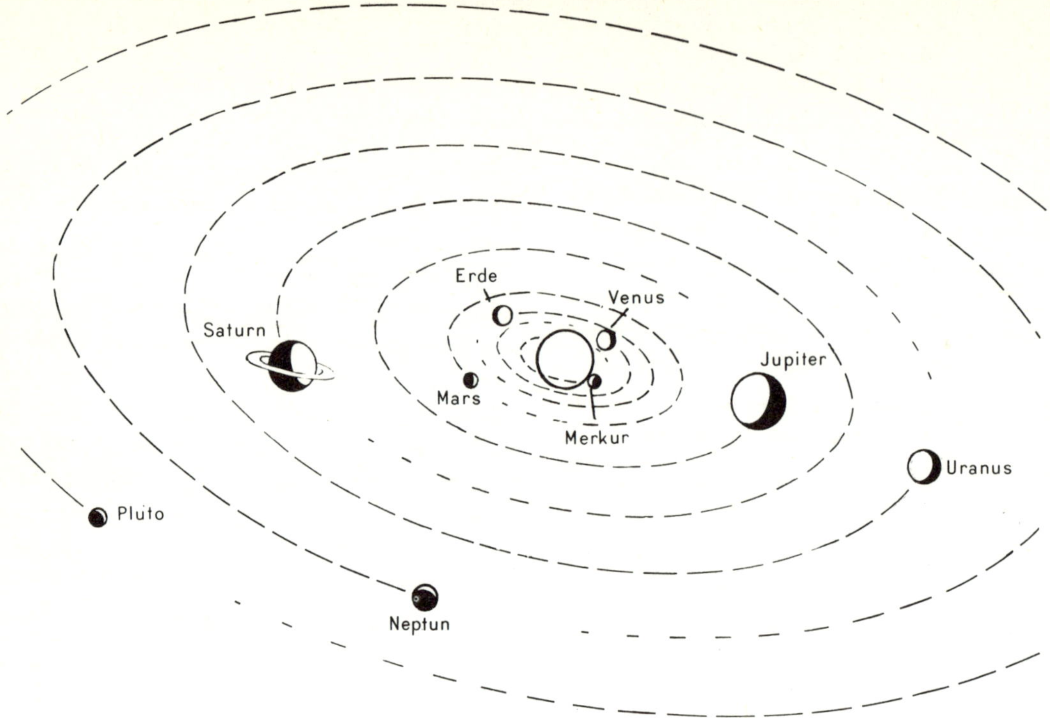

Du stehst allein auf einem großen, abgeernteten Feld. Rings um dich her siehst du keinen Menschen und kein Tier. Über dir wölbt sich ein wolkenloser Himmel. Gerade geht die Sonne unter. Wie ein feuerroter Ball steht sie rund und mächtig am Horizont. Langsam versinkt sie, aus dem vollen Kreise wird ein halber, dann wird der Halbkreis immer kleiner, und endlich ist er ganz verschwunden. Ist die Sonne wirklich nicht mehr da? Doch, nur kannst du sie nicht mehr sehen, weil die Erde sich dreht und du dich mit ihr. Jetzt scheint sie vielen anderen Menschen, die weit im Westen von hier wohnen. Dort ist es taghell, während es bei dir langsam dunkel wird. Du schaust nach oben. Am Himmel treten ganz allmählich die Sterne hervor. Es sind Sterne wie unsere Sonne, die von mehreren Planeten unablässig umkreist wird. Oben auf dem Bild sind Sonne und Planeten abgebildet. Und so rund wie der Sonnenball, so rund ist auch unser Erdball. Am Horizont kommt nun noch der Mond herauf. In großem Bogen umkreist er die Erde. Wenn wir vom Mond aus auf unsere Erde herabblicken, erkennen wir, daß die Erde kugelrund ist. Wir entdecken sogar noch mehr. Da ist Land und dort ist Meer! Deutlich zeichnen sich die Linien ab, wo Wasser und Land zusammentreffen. Es gibt viel mehr Meer als Land. Die Meere zerreißen das Land in große Teile. Wir nennen sie die Erdteile. Unsere Reise auf dem Mond rund um den Erdball geht über alle Erdteile hinweg. Jetzt blicken wir gerade auf Afrika hinab. Auf dem Bild nebenan siehst du, wie jemand von einem kleinen Abbild des Erdballs, von einem Globus, gerade den Streifen mit Afrika abzieht. Er wird

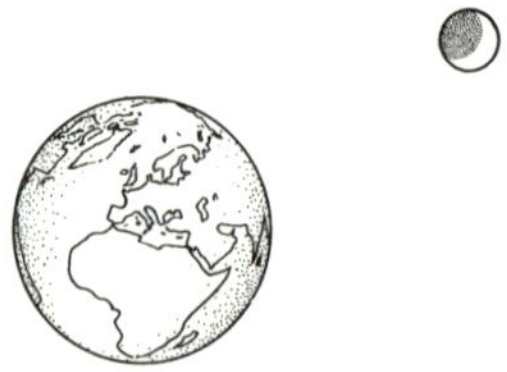

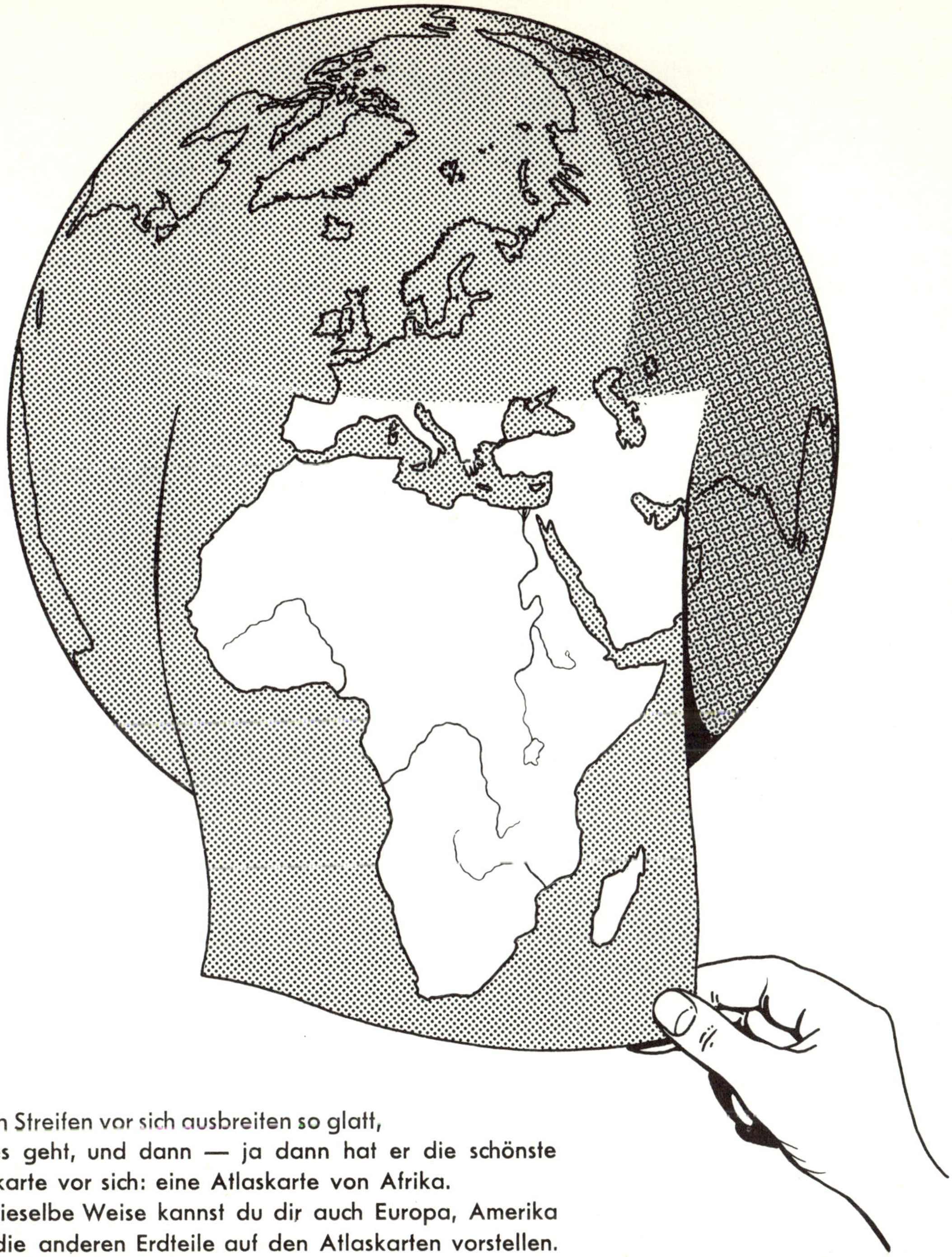

diesen Streifen vor sich ausbreiten so glatt,
wie es geht, und dann — ja dann hat er die schönste Landkarte vor sich: eine Atlaskarte von Afrika.
Auf dieselbe Weise kannst du dir auch Europa, Amerika und die anderen Erdteile auf den Atlaskarten vorstellen.

Große Ferien

Seit einer Woche sind überall die Ferien vorbei. Gleich am ersten Schultag hat die Lehrerin gesagt: „Ihr wart ja wahrscheinlich während der Sommerferien alle verreist. Schreibt bitte über euren Ferienaufenthalt einen kleinen Aufsatz, denn jeder soll vom andern wissen, wie es ihm ergangen ist." Heute nun sollen die Aufsätze abgeliefert werden. Helga meldet sich gleich in der ersten Stunde wie eine Wilde: „Fräulein Reimer, können wir nicht einige Aufsätze vorlesen lassen?" — „Natürlich, mein Kind. Du kannst gleich damit anfangen." Helga schlägt das Heft auf und beginnt zu lesen:

Schöne Tage in München

Etwa vier Wochen vor dem Beginn unserer Sommerferien kam mein Vater eines Tages mit einer guten Nachricht nach Hause: „Wir verbringen unseren Urlaub in diesem Jahr in Bayern. Ich habe soeben im Reisebüro einen Vertrag mit einer Reisegesellschaft unterschrieben." Da war natürlich der Jubel groß, denn Bayern kannten wir noch nicht. Am festgesetzten Tage ging es dann auch wirklich los. Auf dem Bahnhofsplatz stand ein großer Omnibus. Das Gepäck wurde verladen, und Vater, Mutter und ich nahmen unsere Sitzplätze ein. Kaum war der Bus angefahren, so sprach auch schon ein Mann in ein Mikrophon. Er erzählte uns, daß wir unterwegs zweimal übernachten würden. Das erste Mal solle in Nürnberg und das zweite Mal in München übernachtet werden. Von München aus sei es dann nicht mehr weit zu fahren, so daß wir dort längeren Aufenthalt hätten. Vater meinte gleich zu mir: „Da kann ich dir die Stadt ein wenig zeigen." Darauf freute ich mich natürlich. Als wir dann am zweiten Tage in München ankamen, brachten wir zuerst unsere Sachen in das Hotelzimmer. Dann bestiegen Vater, Mutter und ich eine Straßenbahn und fuhren in die Stadt. Das war gar nicht weit, und wir hätten sehr gut auch zu Fuß gehen können. Vor einer großen Kirche blieben wir zuerst stehen. Es war die Frauenkirche, wie Vater uns erklärte, das Wahrzeichen der Stadt München. Wenn ich jetzt eine Abbildung dieser schönen Kirche mit den zwei hohen Kuppeltürmen sehe, weiß ich sofort, daß es die Frauenkirche in München ist. Auch das Münchner Rathaus gefiel mir gut, weil dort an der Vorderfront des Hauses viele Figuren zu sehen sind, die sich bewegen. Im Münchner Künstlerviertel, das Schwabing genannt wird, aßen wir in einem kleinen Lokal Abendbrot. Am nächsten Tag sollte die Fahrt erst gegen 15 Uhr weitergehen. Aus diesem Grunde hatten wir noch ein paar Stunden Zeit. Nach einem längeren Spaziergang kamen wir zum Deutschen Museum. Hier gab es sehr viel zu sehen. Vater meinte: „Wenn wir uns alles genau ansehen wollen, brauchen wir dazu mehrere Tage." Deshalb suchten wir nur ein paar Räume auf. Zuerst ging es in ein richtiges Bergwerk. Die Kellerräume des riesigen Gebäudes waren zu diesem Zweck umgebaut worden. Wir konnten dort die gleichen Maschinen sehen, die in einem richtigen Bergwerk verwendet werden. Außer einigen anderen Sachen sahen wir uns dann noch die Fahrzeugausstellung an. Hier waren außer vielen Kutschen — die vergoldete Karosse eines bayrischen Königs war auch dabei — die ältesten Motorfahrzeuge und Lokomotiven zu sehen. Wenn ich das nächste Mal nach München komme, besuche ich das Deutsche Museum noch einmal. Für einen Jungen wäre sicherlich die Flugzeugschau oder auch ein richtiges U-Boot sehr interessant gewesen. Auch die ältesten und die modernsten Telefonapparate sind dort zu sehen. Als wir kurz vor unserer Abfahrt im Hotel ankamen, waren wir zwar sehr müde und zerschlagen vom vielen Umherlaufen und Betrachten, aber das war nicht weiter schlimm.

Gegen Abend kamen wir an unserem Reiseziel an, einem kleinen bayrischen Gebirgsdorf. Dort verbrachten wir dann drei herrliche Ferienwochen.

Die ganze Klasse klatscht Beifall. Helgas Aufsatz hat also allen gut gefallen. Dann liest Reinhard seinen Aufsatz vor:

Meine Sommerferien

„Mein Sohn", sagte eines Tages vor den Ferien mein Vater zu mir, „du darfst in diesem Jahre deine Ferien verleben, wo du willst, nur stelle ich dir einige Bedingungen." Ich war sehr gespannt, denn so etwas hatte mir mein Vater noch nie erlaubt. Sonst waren wir immer zusammen an die See oder ins Gebirge gefahren. Ich hörte mir also zunächst Vaters Bedingungen an: „Du fährst nur dorthin, wo wir Verwandte haben. Du suchst dir die Züge und Verbindungen bitte selber aus dem Kursbuch heraus, darfst aber nicht mit dem Flugzeug fliegen und mußt unterwegs mit deinem Taschengeld auskommen. Das Reisegeld geht extra." Für das Festlegen des Reiseweges gab er mir eine Woche Zeit. Ich überlegte: Verwandte hatten wir an vielen Orten, mit dem Kursbuch konnte ich auch umgehen, also machte ich mich mit Eifer ans Planen. Nach einer Woche legte ich ihm meinen Reiseplan vor. Er sah so aus: 1. Mit der Bundesbahn bis Köln. Dort wohnt der Bruder meines Vaters. Er würde mir sicherlich die Sehenswürdigkeiten der Stadt, besonders den Kölner Dom, zeigen. In Köln wollte ich eine Woche bleiben. 2. Von Köln aus wollte ich rheinaufwärts mit einem Schiff bis Mainz fahren. Mein Vetter Erich, der dort wohnt, hatte mir schon viel über die Sehenswürdigkeiten (Dom, Gutenberg-Museum usw.) geschrieben. 3. Von Mainz aus sollte es auf der Rückfahrt über Bremen gehen, weil auch in Bremen ein Onkel von mir wohnt. In Mainz wie in Bremen wollte ich mindestens je eine Woche bleiben. Als der Vater den Plan sah, sagte er: „Wo sind denn die Abfahrtszeiten der Züge und des Dampfers?" Er dachte wohl, ich hätte es vergessen, aber ich hatte das alles auf einen anderen Zettel geschrieben, den ich ihm nun vorlegte. Er lächelte: „Meinetwegen, Reinhard, ich bin einverstanden."

So fuhr ich denn bereits am zweiten Ferientag allein los. Alle Verwandten, die ich besuchte, waren benachrichtigt worden (auch das hatte ich selber machen müssen), und sie holten mich immer ab. Natürlich sah ich in Köln viel mehr als nur den mächtigen Dom. Auch in Mainz gab es sehr viel Interessantes, nur die Sammlungen des Gutenberg-Museums waren noch nicht wieder vollständig zu sehen. In Bremen steht auf dem Marktplatz der berühmte Roland von Bremen. Von dort fuhren wir mit dem Auto an die Nordsee. Ich habe sehr schöne Ferien verlebt. Es war viel schöner, als ich es hier in meinem Aufsatz ausdrücken kann und in meinem Ferienplan beschrieben habe. Hoffentlich wird es im nächsten Jahr wieder so. Dann wünsche ich mir von meinem Vater eine Fahrkarte nach Berlin. Auch dort wohnen Verwandte von mir. Sie haben mir geschrieben, daß ich kommen soll, um die ehemalige deutsche Hauptstadt kennenzulernen.

Auch Reinhard bekommt für seinen Aufsatz von der Klasse lauten Beifall. Fräulein Reimer kündigt an: „Morgen lasse ich noch ein paar Aufsätze vorlesen".

1 **Die Grenze** (Grenzlinie). Sie trennt das Gebiet eines Staates von Nachbarstaaten; ist durch Grenzsteine und Grenzpfähle bezeichnet.

2 **die Eisenbahn,** mit ihrem dichten Verkehrsnetz ein wichtiges Transportmittel und von großer Bedeutung für den Reiseverkehr.

3 **die Autobahn,** eine Fern- und Schnellverkehrsstraße mit zwei oder mehr Fahrbahnen. Die Gesamtlänge der deutschen Autobahnen beträgt rund 4500 km.

4 **das Flugzeug.** Die Deutsche Lufthansa und zahlreiche internationale Luftlinien ermöglichen eine schnelle Verbindung zwischen den großen Städten sowie nach anderen Ländern und Erdteilen.

5 **die Nordsee,** ein Randmeer des Atlantischen Ozeans mit großem Fischreichtum. Starker Schiffsverkehr zwischen den europäischen Häfen und nach Übersee.

6 **der Passagierdampfer,** ein großes Fahrgastschiff für Überseereisen. Von Bremen und Hamburg aus führen Schiffslinien nach allen Erdteilen.

7 **die Ostsee,** ein Nebenmeer des Atlantischen Ozeans. Der Nord-Ostsee-Kanal ist mit 98,7 km die kürzeste Verbindung für Seeschiffe von der Ostsee zur Elbemündung und damit zur Nordsee (7a).

8 **die Eisenbahnfähre,** ein Fährschiff, das Eisenbahnzüge zwischen Deutschland und Schweden (auch Deutschland-Dänemark) über die Ostsee befördert.

9 **Bremen,** Freie Hansestadt an der Unterweser, zusammen mit Bremerhaven zweitgrößter deutscher Seehafen; schönes Rathaus. Bedeutender Handelsplatz, Schiffsbau, Kraftfahrzeugindustrie.

10 **Hamburg,** Freie Hansestadt an der Unterelbe mit schönem Rathaus, der bedeutendste Seehafen Deutschlands mit großen Schiffswerften und vielen Industriewerken; wichtiger Handelsplatz. Verkehrsknotenpunkt. Flughafen. Michel-Michaeliskirche Wahrzeichen Hamburgs.

11 **Rostock,** Stadt an der unteren Warnow mit schönen, alten Gebäuden. Seehafen, Eisenbahnknotenpunkt, Werft.

12 **die Ems,** Fluß in Nordwestdeutschland, für Lastkähne ausgebaut. Sie können weiter auf dem Dortmund-Ems-Kanal bis ins Ruhrgebiet fahren.

13 **der Lastkraftwagen,** ein Auto zur Beförderung von Lasten; wichtiges Transportmittel.

14 **der Mittellandkanal,** wichtiger deutscher Binnenschiffahrtsweg, schließt sich im Westen an den Dortmund-Ems-Kanal an und führt bis zur Elbe; von hier über den Elbe-Havel- und den Oder-Spree-Kanal Verbindung zur Oder.

15 **die Elbe,** großer deutscher Strom, entspringt in der Tschechoslowakei, mündet nach 1144 km bei Cuxhaven in die Nordsee. Wichtiger Schiffahrtsweg mit zahlreichen Kanalverbindungen.

16 **die Zonengrenze,** teilt Deutschland seit dem Zweiten Weltkrieg in zwei Teile. Bundesrepublik und Deutsche Demokratische Republik.

17 **Berlin,** ehemalige Hauptstadt von Deutschland, seit 1945 in vier Sektoren geteilt; viele Industriewerke. Verkehrsknotenpunkt, Flughäfen, auf Kanälen Schiffahrt.

18 **die Oder-Neiße-Linie,** eine Grenzlinie, die an den Flüssen Oder und Neiße verläuft und seit 1945 zur vorläufigen Ostgrenze von Deutschland geworden ist. Die östlich davon liegenden deutschen Gebiete stehen unter polnischer Verwaltung.

19 **die Oder,** Fluß in Ostdeutschland, 898 km lang, schiffbar. Mehrere Kanäle verbinden sie mit Elbe und Weichsel.

20 **Ostpreußen,** deutsche Provinz; seit 1945 steht der südliche Teil unter polnischer, der nördliche Teil unter sowjetischer Verwaltung. Wichtigste Stadt ist Königsberg (Pr).

21 **die Weichsel,** großer, 1068 km langer, schiffbarer Fluß in Polen.

22 **Köln,** Stadt beiderseits des Rheins, bekannt durch seinen Dom (größtes Bauwerk der deutschen Gotik) und als Mittelpunkt des rheinischen Karnevals. Autowerke. Kölnisch Wasser. Handelsmessen.

23 **die Mosel,** linker Nebenfluß des Rheins, 545 km lang, von der Mitte an schiffbar; in dem engen, windungsreichen Tal des Unterlaufs berühmtes Weinbaugebiet.

24 **der Rhein,** größter deutscher Strom, 1320 km lang, davon deutscher Anteil 867 km, entspringt in der Schweiz; wichtiger Schiffahrtsweg mit zahlreichen Kanalverbindungen.

25 **Frankfurt am Main,** bedeutender Handelsplatz, Umschlaghafen und Industriezentrum am unteren Main. Eisenbahnknotenpunkt, wichtiger Flughafen.

26 **der Main,** größter Nebenfluß des Rheins, 524 km lang, ab Bamberg schiffbar; mündet gegenüber von (östlich) Mainz.

27 **die Weser,** deutscher Fluß, 440 km lang, entsteht durch die Vereinigung der beiden Flüsse Fulda und Werra; mündet bei Bremerhaven in die Nordsee.

28 **der Autobus (Omnibus),** ein Kraftfahrzeug mit vielen Sitzplätzen zur Beförderung von Fahrgästen; als Reiseautobus sehr beliebt.

29 **Leipzig,** bedeutende Messestadt in der DDR; viele Druckereien. Völkerschlachtdenkmal zur Erinnerung an die große Schlacht von 1813; größter Bahnhof von Mitteleuropa.

30 **Dresden,** Stadt an der Elbe. Der Zwinger, eines der bedeutendsten Bauwerke des deutschen Barocks. Berühmte Kunstsammlungen. Eisenbahnknotenpunkt.

31 **Stuttgart,** Stadt mit großen Fabriken für Kraftfahrzeuge, Maschinen. Verkehrsknotenpunkt. Fernsehturm.

32 **München,** größte Stadt in Süddeutschland, an der Isar; Frauenkirche und viele schöne, alte Bauten; berühmte Brauereien. Straßen- und Eisenbahnknotenpunkt. Flughafen.

33 **die Donau**, bedeutender Strom und wichtiger Schiffahrtsweg; fließt vom Schwarzwald aus durch Deutschland, Österreich und Südosteuropa, mündet nach 2850 km in das Schwarze Meer.

34 **Der Bodensee,** langgestreckter, vom Rhein durchflossener See; grenzt an Deutschland, Österreich und die Schweiz.

35 **der Inn,** rechter Nebenfluß der Donau, 510 km lang; mehrere Kraftwerke.

SCHWEDEN
DÄNEMARK
NIEDERLANDE
POLEN
TSCHECHOSLOWAKEI
FRANKREICH
SCHWEIZ
ÖSTERREICH
UNGARN
Königsberg (Pr)
Danzig
Rostock
Stettin
Hamburg
Bremen
Hannover
Osnabrück
Münster (Westf.)
Dortmund
Köln
Bonn
Berlin
Posen
Warschau
Breslau
Tschenstochau
Kattowitz
Ostrau
Leipzig
Dresden
Prag
Hof
Frankfurt am Main
Mainz
Heidelberg
Saarbrücken
Karlsruhe
Straßburg
Stuttgart
Augsburg
München
Linz
Wien
Basel
Innsbruck
4 KW–NA
1
2
3
4
5
6
7
7a
8
9
10
11
12
13
14
15
16
17
18
19
20
21
22
23
24
25
26
27
28
29
30
31
32
33
34
35

Als Fräulein Reimer am nächsten Morgen in die Klasse tritt, ruft sie nach der Begrüßung Monika auf: „Monika Meyer, du hast einen guten Aufsatz geschrieben. Ich werde ihn vorlesen." Monika wird rot, weil sich alle Kinder nach ihr umdrehen. Fräulein Reimer liest:

Sommerferien auf dem Lande

Mein Onkel wohnt in Schleswig-Holstein. Er hat dort einen Bauernhof. Zu ihm durfte ich in diesen Sommerferien reisen. Schon am ersten Tage erlebte ich etwas. Eigentlich war ich noch gar nicht ganz da, denn auf dem Wege vom Bahnhof zum Bauernhof hatten wir bereits Pech. Wir saßen zu dritt auf dem Kutschwagen, der von der alten Liese gezogen wurde. Plötzlich brach in einem Hohlweg ein Rad des Wagens entzwei. Das gab einen ordentlichen Krach und auch einen ordentlichen Ruck, so daß ich beinahe vom Wagen gefallen wäre. Onkel Jochen konnte mich gerade noch halten. Er war zuerst erschrocken, aber als er sah, daß alles heil geblieben war bis auf das Rad, lachte er: „So etwas kann schon mal mit einem alten Wagen passieren. Wir müssen ausspannen und laufen. Der Wagen bleibt hier. Fritz kann ihn nachher reparieren." So liefen wir denn also auf Feldwegen bis zu Onkel Jochens Hof. Es ging an Viehweiden vorbei, auf denen Kühe lagen oder weideten. Auf einigen Koppeln (so nannte der Onkel die eingezäunten Weiden) tummelten sich auch Pferde und Fohlen. Nach etwa einer Stunde war endlich Onkel Jochens Hof erreicht. Vor dem Hof hatten wir noch eine lustige Begegnung. Über die flachen Wiesen, die sich weit ausdehnten, trieb ein Schäfer eine Schafherde. „Rate einmal", sagte Onkel Jochen, „wie viele Schafe das sind!" Ich überlegte eine Weile und fing dann sogar an zu zählen, aber ich kam nicht recht vorwärts damit, weil die Schafe dauernd durcheinanderliefen. Dann sagte ich auf gut Glück: „Sind es vielleicht 36 Schafe?" Da lachte Onkel Jochen, und Rainer natürlich auch. Rainer ist mein Vetter. Er hatte mir am Bahnhof einen Blumenstrauß gegeben, darüber hatte ich mich sehr gefreut, aber jetzt war ich ihm böse, weil er mich auslachte. Er meinte dann: „Das sind ganz genau 187 Schafe." Rainer sagte dies sehr freundlich, deshalb war ich ihm dann auch nicht mehr böse. Ich konnte es ja auch nicht wissen, daß es so viele Schafe waren. Onkel Jochen sagte noch, daß die Schafe gerade eingetrieben würden. Der Schäfer habe hier in der Nähe einen Wohnwagen und einen transportablen Zaun. Dahinein würden die Schafe während der Nacht gebracht. Am nächsten Morgen müßten sie dann wieder hinaus und unter der Obhut des Schäfers an den verschiedensten Stellen ihr Futter suchen. Beim Abendbrot erfuhr ich, daß für den nächsten Tag noch ein Besuch erwartet würde. Ein Junge aus Berlin sollte bei Onkel Jochen seine Ferien verleben. Ich nahm mir vor, dem Berliner Jungen alles auf dem Hof zu zeigen. Rainer und Fritz holten ihn vom Bahnhof ab. Als wir alle beim Mittagessen saßen, fragte Herbert, so hieß der Junge aus Berlin: „Gibt's hier auch Kuhmilch?" — „Natürlich", antwortete Tante Käthe, „die kannst du trinken, so viel du willst." Da machte Herbert ein ängstliches Gesicht: „Ich mag aber keine Kuhmilch, ich mag nur Ziegenmilch." Da lachte Onkel Jochen: „Kannst du auch haben, mein Junge. Wir selber haben zwar keine Ziegen, aber unser Nachbar hat zwei Stück. Wir bringen dir die Milch dann mit." Als ich das letzte Mal hier gewesen war, hatte Nachbar Hinrich noch keine Ziegen gehabt, ich wollte es gerade sagen, aber Onkel Jochen sah mich warnend an und blinzelte mir zu. Ich verstand ihn nicht, sagte aber nichts. Herbert bekam nun jeden Tag einen Liter Ziegenmilch. Woher die kam, konnte ich mir nicht erklären, denn niemals ging jemand zu Nachbar Hinrich, um die Milch zu holen. Herbert war ein sehr netter Junge. Drei Wochen lang spielten wir zusammen. Manchmal halfen wir auch. Ich lernte sogar melken. Herbert und ich mußten am selben Tage abreisen. Auf dem Wege zum Bahnhof fragte ihn Onkel Jochen: „Herbert, warum magst du eigentlich keine Kuhmilch?" Ich sah den Onkel an und bemerkte ein Schmunzeln in seinen Mundwinkeln. Herbert meinte: „Och, die hat mir nie gut geschmeckt. Ich habe im vorigen Jahr im Odenwald so gern Ziegenmilch getrunken." — „Na", lachte Onkel Jochen dann laut heraus, „jetzt kannst du ruhig wieder Kuhmilch trinken, denn du hast in den vergangenen drei Wochen auch nichts anderes getrunken. Hier in Schleswig-Holstein haben die Bauern keine Ziegen, mein Junge. Du hast gedacht, es sei Ziegenmilch, es war aber in Wirklichkeit Kuhmilch!" Alle lachten sehr, und auch Herbert lachte mit.

Monikas Aufsatz hat den Kindern gefallen. Die ganze Klasse klatscht Beifall. Monika hat von allen wohl am meisten geschrieben. Als sich die Klasse wieder beruhigt hat, sagt Fräulein Reimer: „Ich habe hier nun noch einen Aufsatz von Jens. Er ist nicht so lang, aber sehr nett geschrieben, deshalb lese ich ihn vor."

An der Eisenbahn

Tüüüüüt!! und noch einmal Tüüüüüt!! Erschreckt fahre ich aus dem Schlaf. Wo bin ich? Ach richtig, fällt mir dann ein, bei Onkel Heinz zu Besuch. Er ist Bahnwärter und wohnt mit seiner Familie in einem kleinen Häuschen, das unmittelbar an der Bahnstrecke steht. Viele Male am Tage muß er die Schranken herunterlassen, und wenn die Züge durchgefahren sind, muß er sie wieder hochkurbeln. Ich will ihm dabei ein bißchen helfen. Sofort 'raus aus dem Bett! Dann stehe ich draußen neben ihm. Er weiß genau, wann die Züge kommen, er weiß auch genau, woher sie kommen. „Wir wohnen hier an einem wichtigen Knotenpunkt", erklärt er mir. „Hier fahren die verschiedensten Züge aus ganz Deutschland durch. Auch viele Züge aus dem Ausland müssen an unserem kleinen Häuschen vorbei." Ich frage ihn, ob denn nur Personenzüge kommen. „Nein", antwortet er, „im Gegenteil, es kommen viel mehr Güterzüge als Personenzüge hier vorbei. Jede Woche zweimal kommen zum Beispiel aus Polen Züge mit Gänsen, die werden dort aufgezogen und dann verschickt. Das sind natürlich alles Kühlwagen, denn die Gänse sind geschlachtet." Der Onkel beginnt, die Schranken herunterzulassen. „Jetzt kommen drei Güterzüge kurz nacheinander. Der erste Zug bringt Braunkohle aus der Lausitz, im nächsten sind Stahlerzeugnisse aus dem Ruhrgebiet, und der dritte hat Holz geladen." Der Onkel hat recht. Im dritten Zug waren lauter Güterwagen mit langen Holzstämmen. Er sagte, das Holz sei aus Süddeutschland. Dann kommen einige Personenzüge, dann wieder ein Güterzug. „Das ist ein Viehtransport, Schweine aus Westfalen." Ich frage den Onkel, woher er das alles wisse. Er lacht nur und meint: „Das sieht man am Zug. Du kannst das natürlich nicht sehen, aber wenn du erst 10 Jahre Schrankenwärter bist, weißt du es auch." Am nächsten Tag drehe ich schon die Kurbeln ganz allein. Man muß sich ziemlich anstrengen dabei. Mein Onkel paßt natürlich auf, daß ich die Schranken zur rechten Zeit schließe. — Im nächsten Jahr fahre ich wieder zu Onkel Heinz, und wenn ich groß bin, will ich auch zur Eisenbahn.

Auch Jens erntet Beifall von der Klasse.

1
1
2
3
4
2
5
8
7
7
9
10
11
12
6
13
14
7
15
16
17
19
18
20
7
21
22

1 **Der Fischdampfer.** Die Hochseefischer bleiben oft wochenlang in den Fanggebieten; mit dem Grundschleppnetz (Trawl) werden vor allem Kabeljau, Schellfisch, Rotbarsch, mit dem Treibnetz (Fleet) Heringe gefangen. Daneben gibt es auch noch die Küstenfischerei.

2 **die Milchkuh.** Rinderzucht wird auf den meisten deutschen Bauernhöfen betrieben, besonders in den fruchtbaren Marschgebieten Norddeutschlands. Das Rind zählt wegen seiner vielseitigen Leistung zu den ältesten Nutztieren des Menschen; es liefert uns Milch, Butter, Käse sowie Fleisch und verschiedene Ledersorten.

3 **Lübeck,** alte Hansestadt an der Ostsee, wichtiger Hafenplatz mit Werften, Maschinenbau, Metallindustrie, Süßwaren (Lübecker Marzipan). Schöne Altstadt mit der Marienkirche. Handel mit Holz, Vieh, Lebensmitteln, Kohle, Erz und Chemikalien.

4 **Danzig,** bedeutende Hafenstadt an der Weichselmündung mit Werften und anderen Industriewerken; wichtiger Handels- und Umschlagplatz für Getreide, Holz, Kohle und Zucker. Seit 1945 unter polnischer Verwaltung.

5 **Hamburg,** Freie Hansestadt an der Unterelbe, der bedeutendste Seehafen Deutschlands mit großen Schiffswerften, Maschinenfabriken, Eisengießereien, Handelsplatz, Sitz großer Reedereien; wichtiger Binnenhafen, Verkehrsknotenpunkt. Flughafen.

6 **die Gans,** auf dem Bauernhof als Schlachtgeflügel in verschiedenen Rassen gehalten. Hafermastgänse werden besonders in der Weihnachtszeit aus Polen geliefert. Gänsefedern für Deckbetten und als Kissenfüllung.

7 **das Schaf,** ein landwirtschaftliches Nutztier zur Woll-, Fleisch- und Milchgewinnung. Während das Wollschaf in trockenen Gebieten (Heide) gedeiht und karges Futter gut nutzt, braucht das Fleischschaf saftiges Grünfutter. Schafzucht wird besonders in Heidegebieten, z. B. Lüneburger Heide, getrieben (Heidschnucken).

8 **das Pferd,** als Arbeits- und Reitpferd ein wichtiges Nutztier auf dem Lande. Es wird aber immer mehr durch Schlepper und Autos ersetzt. Rassenpferde werden besonders in Niedersachsen, Schleswig-Holstein und in den deutschen Ostgebieten jenseits der Oder gezüchtet.

9 **die Imkerei** oder Bienenzucht, vor allem in Heidegebieten. Die Honigbiene liefert Honig und Wachs. Bei einer ausreichenden Bienenweide und entsprechender Pflege kann der Imker mit einer guten Honigernte rechnen.

10 **das Volkswagenwerk**, ein moderner Großbetrieb in Wolfsburg, in dem der von F. Porsche konstruierte Volkswagen hergestellt wird; Verkauf nach über 140 Ländern der Erde.

11 **Berlin,** ehemalige Hauptstadt von Deutschland. Metall-, Maschinen-, Elektro-, chemische, optische, Film- und Bekleidungsindustrie; bedeutender Handelsplatz und Binnenhafen. Flughäfen.

12 **das Schwein,** ein wichtiges Haustier zur Fleisch- und Fettgewinnung; bedeutende Schweinezucht in Westfalen und Mitteldeutschland.

13 **das Ruhrgebiet,** ein dichtbesiedeltes Industriegebiet mit Kohlenbergbau, Stahl-, Eisen-, Maschinen-, chemischer Industrie. Das Erz wird vor allem auf dem Rhein herangebracht.

14 **Halle,** Stadt an der Saale, Maschinen-, Metall-, Zementindustrie, Kohlenbergbau; bedeutender Eisenbahnknotenpunkt.

15 **Leipzig,** bedeutende Messe- und Industriestadt in Mitteldeutschland. Eisen-, Stahl-, Metallwaren, Maschinen-, Apparate-, Fahrzeugbau, Druckereien, Buchbindereien, Pelzhandel, Spinnereien; wichtiger Verkehrsknotenpunkt. Sackbahnhof.

16 **das oberschlesische Industriegebiet,** eine dichtbesiedelte Industrielandschaft mit bedeutendem Kohlenbergbau; Eisen- und Stahlindustrie.

17 **das Saargebiet,** dichtbesiedeltes Industriegebiet mit Kohlenbergbau und bedeutender Schwerindustrie. Maschinenbau, Glas- und Steingutwaren.

18 **Ludwigshafen und Mannheim,** zwei Städte mit großen Häfen am Rhein. In Ludwigshafen chemische- und Maschinenindustrie, in Mannheim Motoren- und Landmaschinenbau.

19 **die Ziege,** ein Haustier zur Milch- und Fleischgewinnung; die Haut wird zu Leder verarbeitet.

20 **Stuttgart,** bedeutende Industriestadt am Neckar, Maschinen-, Kraftfahrzeug-, Elektro-, Bekleidungsindustrie, Druckereien. Eisenbahn- und Straßenknotenpunkt. Fernsehturm.

21 **München,** drittgrößte Stadt in Deutschland; Maschinen-, Lokomotiven-, Motorenbau, chemische, feinmechanische, optische Industrie, Brauereien.

22 **die Rinderzucht im Allgäu.** Die gebirgige Landschaft zwischen Bodensee und Lech ist ein bedeutendes Viehzuchtgebiet (braune Allgäuer Rinder).

Ein Besuch im Zirkus

Ein Zirkus ist in die Stadt gekommen. Peter und Monika haben es in der Schule erfahren und sogleich mit anderen Kindern verabredet, daß sie am Nachmittag hineingehen wollen. Zu Hause müssen sie natürlich noch die Eltern fragen, damit sie das Eintrittsgeld bekommen. Monika versucht es zuerst: „Mami, das ist ein ganz anderer Zirkus als sonst. Ein ganz sonderbarer Zirkus soll es sein." „Wieso denn das?" fragt die Mutter erstaunt. „Die Zirkusse sind doch alle gleich. Wartet bis morgen, damit ihr heute abend Papi erst noch fragen könnt." Als aber Peter auch anfängt zu bitten, kann die Mutter nicht länger widerstehen. Eines hat sie jedoch noch zu fragen: „Ich verstehe nicht, warum das nun ein anderer Zirkus sein soll als Sarrasani oder Krone." — Peter versucht zu erklären: „Der Besitzer hat nicht etwa Tiere aus Afrika, Australien oder Amerika gezähmt und dressiert, sondern er hat nur Tiere aus Europa. Mit ihnen führt er Kunststücke vor. Heute hing in der Schule ein großes Plakat, darauf stand, daß Füchse, Hasen, Hirsche, Wildschweine und andere Tiere vorgeführt würden." Mutter staunt, dann aber schüttelt sie den Kopf: „Das glaube ich nicht, ich komme mit!"

Vor dem riesigen Zelt sind große Plakate mit den Tieren aufgestellt, die in diesem Zirkus zu finden sind. Über dem Eingang hängt ein buntes Plakat:

ZIRKUS EUROPA

DIE WILDLEBENDEN TIERE EUROPAS
ZEIGEN IHRE KÜNSTE

An der Kasse kauft Mutter ein Programm. Peter ist sehr neugierig und will es zuerst lesen. Er läßt Monika auch mit hineinschauen. Als plötzlich laute und flotte Marschmusik ertönt, bekommt Monika einen ordentlichen Schreck. Peter denkt: „Aha, jetzt geht's los." Da kommt auch schon ein uniformierter Mann in die Manege. Er verneigt sich nach allen Seiten. Dann schweigt die Musik, und der Mann berichtet, wie schwierig es gewesen sei, alle die Tiere zu fangen, zu zähmen und abzurichten. Ganz besondere Schwierigkeiten hätten sie zum Beispiel mit den Wildschweinen gehabt. Auch das Abrichten der beiden Wölfe, die als ganz junge Tiere in diesen Zirkus gekommen seien, habe viel Schweiß und Arbeit gekostet. Als der Zirkusdirektor mit seiner Rede zu Ende ist, klatschen die Besucher Beifall. Er verneigt sich wieder nach allen Seiten und kündigt dann an: „Meine Damen und Herren! Zuerst sehen Sie Adebar, den Wunderstorch!" Dann spielt die Musik ganz leise, und durch den Eingang der Manege kommt langsam und majestätisch ein Storch geschritten. „Der geht ja richtig nach dem Takt der Musik", sagt Monika. Gleich hinter dem Storch läuft ebenfalls im Takt der Musik ein Clown. Monika findet das sehr komisch. Der Clown verbeugt sich viermal vor den Zuschauern, dann macht er seine Kapriolen und Kunststückchen. Er rennt ein paarmal um Adebar herum, kugelt dann zwischen dessen Beinen hindurch und stellt sich schließlich vor ihm auf. Die Musik ist still. Der Clown hat ein Mikrophon in der Hand und spricht hinein: „Guten Tag, Adebar." Adebar verbeugt sich und klappert mit dem Schnabel. Da müssen alle Kinder und Erwachsenen lachen. Dann fragt der Clown: „Geht's dir gut, Adebar?" Adebar schüttelt seinen Kopf und klappert wieder mit dem langen Schnabel. Nun rennt der Clown wieder um den Storch herum und zwischen dessen Beinen hindurch und fragt: „Aber warum denn nicht, mein lieber Adebar?"

Adebar legt auf einmal seinen Kopf mit dem langen Schnabel weit zurück und klappert mit dem Schnabel. „Aha", meint der Clown, „Adebar hat Hunger!" Der Storch klappert nun immer lauter und eifriger. Auf einmal hat der Clown einen zappelnden Frosch in der Hand und wirft ihn hoch. Adebar fängt ihn geschickt auf und verzehrt ihn mit sichtlichem Wohlbehagen. Danach verabschieden sich die beiden von den Zuschauern. Sie ernten lauten Beifall.
Als nächstes Stück steht auf dem Programm: „Eine wilde Schweinerei". In Sekundenschnelle ist die Manege voller schwarzer Wildschweine. Peter zählt neun Stück. Sie laufen unter Anleitung des Direktors zuerst grunzend im Kreis herum, dann zu dreien nebeneinander und stellen sich endlich in einer Reihe auf. Nun sind sie ganz still. Der Direktor greift in die Tasche und verteilt Zuckerstückchen. Er sagt: „Meine Schweinchen mögen gern Zucker. Wenn sie mit Zucker verwöhnt werden, lassen sie sich gut dressieren." Als alle Zuckerstückchen an die Schweine verteilt sind, knallt der Direktor mit der Peitsche, und im Schweinsgalopp jagen die Tiere aus der Manege. Nur eins bleibt zurück. Blitzschnell hat der Direktor ihm einen kleinen Sattel auf den Rücken geschnallt, und im selben Augenblick ist auch schon ein Äffchen daraufgesprungen. Alle Zuschauer lachen laut und herzlich. Es sieht ja auch zu possierlich aus, wenn ein Affe auf einem Wildschwein reitet. Peter hat lange überlegen müssen, in welchem Teil Europas Affen leben. Schließlich fällt ihm ein, daß es auf dem Felsen von Gibraltar einige gibt.

Eine weitere Nummer im Programm ist der „Wettlauf der Hasen". Auch das ist eine lustige Vorführung. Auf einer Seite der Manege ist eine lange Futterkrippe aufgestellt. Kaum ist die Manege geöffnet, stürmen wohl 12 bis 15 Hasen auf die Krippe los. Dort fressen sie eine Weile. Dann ertönt ein langer Pfiff, und die Hasen rennen wieder hinaus. Das alles geht so schnell und sieht so putzig aus, daß alle Zuschauer lachen und klatschen.
Die Vorführung der beiden dressierten Wölfe gefällt Peter besonders gut. Bevor sie in die Manege kommen, werden einige Gegenstände aufgebaut. Die Wölfe machen ein regelrechtes Hindernislaufen. Sie springen über die Hindernisse oder kriechen unter ihnen durch, daß es eine Lust ist zuzusehen. Nach dieser gelungenen Vorführung meint Peter: „Ich hätte gar nicht geglaubt, daß man Wölfe so zähmen kann." Es folgen noch eine Bärengruppe und eine Gruppe mit Rentieren, die ebenfalls ihre Kunststücke vorführen. Monika findet großes Gefallen an den Eichhörnchen, die am Trapez turnen.
Den Abschluß bildet dann eine Affenschau. In der Manege stehen richtige kleine Tischchen mit Tellern und Löffeln, davor stehen winzige Stühlchen. Acht Affen kommen herein und nehmen an den Tischchen Platz. Dabei gibt es natürlich allerlei Zwischenfälle, denn Affen machen stets Unsinn. Als sie endlich sitzen, kommt ein junges Mädchen und bringt den Affen zu essen. Es sieht sehr lustig aus, wie sie versuchen, manierlich ihre Teller zu leeren. Ein Affe kann es nicht unterlassen, vom Teller seines Nachbarn einen guten Happen zu nehmen. Nur mit Mühe kann das Mädchen eine Balgerei zwischen den Affen verhindern. Als sie die Teller leergefressen haben, stehen die Affen auf, reichen dem Mädchen die Hand und verlassen die Manege. Vorher verbeugen sie sich vor den Zuschauern, die begeistert klatschen.
Auf dem Nachhauseweg sind Peter und Monika kaum zu beruhigen. Sie möchten am liebsten morgen mit dem Vater und Kapitän Hansen noch einmal in den Zirkus gehen, so gut hat es ihnen gefallen.

1 **Der Tordalk,** Küstenvogel, etwa entengroß. Gefieder oben schwarz, Brust und Bauch weiß. Nahrung: Fische.

2 **das Ren (Rentier),** Hirschart, lebt in Herden. Beide Geschlechter tragen ein Geweih. Sehr dichtes Fell, das die Tiere im Winter vor der schneidenden Kälte schützt. Nahrung: Kräuter, Gras, Knospen, Flechten und Moose. Haustier der Lappen.

3 **der Hering,** bis zu 30 cm, Speisefisch, zu finden im Atlantischen Ozean, in der Nord- und Ostsee, lebt in Schwärmen.

4 **der Elch,** größte Hirschart, bis 2 m lang, 1,90 m hoch. Großes Schaufelgeweih. Nahrung: Baumrinden, Knospen, Blätter.

5 **der Luchs,** katzenartiges Raubtier, bis 1 m lang. An den Ohren Haarpinsel, Pupillen strichförmig.

6 **der Wolf,** einer der Vorfahren unseres Hundes. Bis 1,50 m lang und 0,85 m hoch. Gefährliches Raubtier, greift sogar Pferde an. Lebt im Sommer oft einzeln, im Winter in Rudeln.

7 **der Auerhahn (das Auerhuhn),** größtes Waldhuhn. Männchen und Weibchen verschieden in der Federfarbe. Weibchen kleiner als der etwa gänsegroße Hahn.

8 **das Eichhörnchen,** Nagetier, 45 cm lang. Schwanz 20 cm lang, buschig. Kann gut klettern und springen.

9 **der Edelmarder.** Raubtier, 55 cm lang, 30 cm langer Schwanz. Lebt in dichten Wäldern. Reißt Tiere bis zur Größe junger Rehe.

10 **der Fischotter,** marderähnliches Raubtier, bis 1,50 m lang. Lebt im und am Wasser und hat verschließbare Ohrmuscheln. Jagt Fische.

11 **die Graugans.** Von ihr stammt unsere Hausgans ab. Zugvogel. Nahrung: Pflanzen.

12 **der Braunbär,** bis 2,20 m langes Raubtier. Dichtes Fell in allen braunen Tönungen. Lebt hauptsächlich von Pflanzen, fällt aber auch Tiere an.

13 **das Wildkaninchen,** Verwandter des Hasen, aber kleiner als er; kürzere Ohren. Etwa 40 cm lang.

14 **der Rothirsch,** bis 2,25 m lang und 1,50 m hoch. Männliches Tier trägt gegabeltes Geweih (5—8 kg schwer). Lebt in Rudeln.

15 **die Möwe,** kräftiger Küsten- und Seevogel, Allesfresser. Hat ziemlich großen Kopf. An den Füßen Schwimmhäute. Viele Arten, alle fliegen und schwimmen vortrefflich.

16 **das Wildschwein,** Vorfahr unseres Hausschweins. Dunkles, graubraunes Fell. Junge gestreift. Schneller Läufer und Schwimmer.

17 **das Reh,** etwa 1,30 m lang. Hohe schlanke Läufe, schlanker Hals, große, braune Augen. Der Bock trägt ein kleines Geweih.

18 **die Kreuzotter,** bis 70 cm lange Viper, dunkles Zickzackband auf dem Rücken. Ihr Biß ist giftig.

19 **der Fasan,** Hühnervogel. Viele Arten, alle Waldbewohner. Langer Schwanz, Weibchen nicht so schön gefiedert wie Männchen.

20 **der Feldhase.** Gelblichgraues Fell, Schutzfarbe. Lange, bewegliche Ohren („Löffel!").

21 **die Nebelkrähe,** grau mit schwarzem Kopf, Vorderhals und schwarzen Flügeln.

22 **der Ziesel,** etwa Hamstergröße, Nagetier. Winterschlaf.

23 **der Storch,** hochbeiniger Schreitvogel, bis 1,10 m lang. Langer Schnabel, hohe Beine, große Flügel.

24 **der Rotfuchs,** Raubtier, rötliches Fell, langer, buschiger Schwanz.

25 **der Steinadler,** Falkenvogel, starker, gebogener Schnabel, bis an die Füße gefiedert. Schlägt selbst Füchse.

26 **der Tümmler,** Meeressäugetier (kleiner Wal); kräftige Rückenflosse, waagerechte Schwanzflosse.

27 **das Rebhuhn,** Hühnervogel, bis 26 cm lang, davon 8 cm Schwanz. Schlichtes braunes Federkleid, gute Tarnung.

28 **das Murmeltier,** Nagetier, lebt in den Alpen, 50 bis 60 cm lang. Hält langen Winterschlaf.

29 **die Gemse (Gams),** Gebirgstier, bis 1,10 m lang. Im Sommer rostrot mit schwarzen Streifen auf dem Rükken, im Winter oben braunschwarz. Sehr scheu.

30 **der Dachs,** marderähnliches Raubtier. Gedrungener Leib, langer Kopf, Schnauze spitz. Nahrung: Pflanzen, Kleingetier, junge Hasen und Vögel.

31 **der Flamingo,** hochbeiniger, langhalsiger Vogel, bis 1,25 m hoch. Weißrosa Federn, Schultern rot. Steht gerne in seichten Gewässern.

32 **das Bläßhuhn** (Wasserhuhn), knapp entengroßer Vogel. Blendendweiße Stirnplatte. Ausdauernder Schwimmer.

33 **der Igel,** Insektenfresser, bis 30 cm lang. Weibchen größer als Männchen. Trägt ein Stachelkleid, rollt sich bei Gefahr zusammen.

34 **die Ginsterkatze,** bis etwa 1 m lang, davon fast die Hälfte Schwanz. Schlankes Raubtier.

35 **der Magot,** schwanzloser Affe Nordafrikas, der auch auf dem „Affenfelsen" Gibraltars lebt.

36 **der Thunfisch,** Makrelenfisch, bis 3 m lang. Schmackhaftes Fleisch.

37 **die Smaragdeidechse,** bis 50 cm lang. Lebt an Felshängen und Weinbergen Süd- und Mitteleuropas.

38 **die Schildkröte,** Kriechtier mit knöchernem Rücken- und Bauchschild. Kopf, Schwanz und Beine können eingezogen werden. Fleisch- und pflanzenfressende Arten.

39 **der Gänsegeier,** Raubvogel, Flügelspanne 2,50 m.

40 **der Delphin,** Meeressäugetier, gehört zu den Zahnwalen. Etwa 2 m lang. Vordergliedmaßen zu Flossen umgebildet, gewandter Schwimmer.

41 **der fliegende Fisch,** bis 50 cm lang. Hat lange Brustflossen, kann dadurch bis zu 200 m weit über dem Wasser „fliegen".

1
2
3
4
5
6
7
8
9
10
11
12
13
14
15
16
17
18
14
20
21
22
26
23
19
24
25
13
27
28
29
30
31
32
33
34
6
37
38
35
36
39
40
41

Rätselspiel bei Monika

Monika hat ein paar Freundinnen eingeladen. Sie würden gern draußen spielen, aber es hat angefangen zu regnen, so daß nun bei Meyers im Kinderzimmer Hochbetrieb herrscht. Peter hat sich schnell aus dem Staube gemacht. Die Stühle reichen nicht aus, zwei der Mädchen müssen sich auf den Fußboden setzen. Zuerst wissen sie nicht recht, was sie anfangen sollen, aber dann fällt Renate etwas ein: „Wir spielen Rätselraten. Jede darf eine Rätselfrage stellen, und wer falsch antwortet, muß ein Pfand geben." Am liebsten würden alle zugleich ein Rätsel aufgeben, aber Helga entscheidet: „Das geht nach dem Alphabet. Wessen Name fängt mit A an? Annemarie, du mußt anfangen." Brigitte hat noch Bedenken: „Was machen wir, wenn über die Antwort Streit entsteht?" Monika steht schon auf: „Ich hole für alle Fälle ein Lexikon." Nun liegt es auf dem Tisch. Annemarie stellt die erste Frage: „Wo steht der Eiffelturm, und wie hoch ist er?" Zunächst schweigen alle. Sicher weiß jede, daß der Eiffelturm in Paris steht, aber wie hoch mag er wohl sein? Karin wagt die Antwort: „Er steht in Paris und ist 150 m hoch." — „Pfand!" ruft Brigitte, und Karin gibt ein Pfand, denn Annemarie verbessert: „In Paris steht er. Aber er ist 2 x 150 m hoch, nämlich 300 m." Die nächste Frage stellt Brigitte: „Nenne vier nordeuropäische Hauptstädte!" Die schüchterne Petra meldet sich wie in der Schule: „Ich weiß es." Zuerst lachen alle Mädchen, dann aber sagt Monika: „Du bist doch hier nicht in der Schule, nicht melden!" Petra lacht mit und sagt: „Kopenhagen in Dänemark, Stockholm in Schweden, Oslo in Norwegen, und in Finnland ist es Helsinki." Petra braucht natürlich kein Pfand zu geben, denn alles ist richtig. Elfriede ist an der Reihe: „Zwei Städtenamen in Europa haben bis auf einen die gleichen Buchstaben, die Reihenfolge der Buchstaben ist verschieden. Wie heißen die beiden Städte?" — „O, das ist schwer!" stöhnt Karin. Alle denken angestrengt nach. Nach einer Weile sagt Elfriede: „Ich will euch ein bißchen helfen. Die eine Stadt liegt im europäischen Rußland, die andere Stadt ist die Hauptstadt eines mitteleuropäischen Staates." Gerlinde sagt: „Ach, das ist zu schwer, Elfi, sag was anderes. Oder ist es Oslo und Rom?" Da lachen wieder alle Mädchen. Monika ruft wieder: „Pfand!" Gerlinde schlägt sich mit der Hand vor den Kopf: „Kann ja auch gar nicht sein, denn keine der beiden Städte liegt in Rußland." Elfriede muß noch einmal nachhelfen: „Also die eine Stadt ist die Hauptstadt ...", da wird sie von Rosemarie unterbrochen: „Paris und Prag!" Wieder ruft Monika: „Pfand! Keine der Städte liegt in Rußland." Rosemarie gibt kleinlaut das Pfand. Elfriede spricht nun weiter: „... also die eine Stadt ist die Hauptstadt von Österreich." Jetzt strahlt Karin über das ganze Gesicht: „Wien, die Stadt der Walzer, und die andere Stadt heißt Kiel." Das stimmt wieder nicht. Auch Karin merkt es sofort und sagt: „Kiel liegt ja in Deutschland, also ist das falsch. Da hast du ein Pfand." Sie gibt Monika ihren Ring. Brigitte hat es herausgefunden: „Wien und Kiew!" Elfriede nickt zustimmend, die Mädchen klatschen Beifall, denn das war wirklich eine schwierige Rätselfrage. Dann fragt Gerlinde: „Eine berühmte Glocke in der englischen Hauptstadt?" Rita weiß es sofort: „Die Hauptstadt heißt London, die berühmte Glocke ist Big Ben." Die nächste Frage stellt Helga: „Was ist das Wahrzeichen von Berlin?" Alle protestieren: „Das ist doch kein Rätsel, das weiß ja jedes Kind." Helga verteidigt sich: „Hört doch erst mal weiter, ich will noch mehr wissen. Auf diesem Wahrzeichen steht etwas, was ist das?" Da sind auf einmal alle Schnattergänschen still. Rita sagt nach einigem Überlegen: „Vielleicht ein Bär?" — „Pfand!" ruft Monika etwas zögernd, denn sie weiß nicht ganz genau, ob das falsch ist. Aber Helga nickt mit dem Kopf. Bei dieser Frage fallen noch 4 Pfänder. Monika kann kaum mit dem Einsammeln nachkommen. Endlich muß Helga die Antwort selbst geben: „Es ist die Quadriga, ein von vier Pferden gezogener Siegeswagen. Sie steht auf dem Brandenburger Tor in Berlin." Die meisten Mädchen erinnern sich nun, daß sie in der Schule davon gehört und auch eine Abbildung gesehen haben. Als nächste stellt jetzt Karin ihre Frage: „In Nordschweden werden die Kirchen aus dem Material gebaut, das es dort am meisten gibt. Was sind das für Kirchen?" Petra ist sofort mit der Antwort da: „In Nordschweden gibt es Eisen." Karin schüttelt den Kopf: „Pfand! Eine Kirche aus Eisen? Davon habe ich noch nichts gehört!" Nun raten sie weiter, bis Monika die richtige Antwort findet: „Die Kirchen sind aus Holz, denn in Nordschweden gibt es riesige Wälder." — „Richtig! Holzkirchen", sagt Karin, „die sehen übrigens sehr hübsch aus, ich habe mal ein Bild davon gesehen." Nun ist Marlies an der Reihe: „Kennt ihr die Namen berühmter Kirchen in Rom, München und Paris?" Wie sie alle überlegen! Monika sagt: „In Rom ist natürlich die Peterskirche gemeint, in München die Frauenkirche, in Paris ... Brigitte, weißt du das nicht? Du warst doch schon mit deinen Eltern in Paris!" „Ja", antwortet Brigitte, „aber die vielen Namen der Straßen, Kirchen und Gebäude konnte ich mir nicht merken. Die sind ja auch so schwer auszusprechen." Alle müssen lachen. Marlies nennt die Kirche in Paris selbst: „Notre Dame." Aber jetzt verbessert Brigitte: „Das spricht man nicht ‚Dame' wie im Deutschen, Vati sagt Notre Dam'." — „Muß Monika ein Pfand geben?" Entrüstet wehrt sie sich: „Ich habe doch nichts Falsches gesagt, zwei Antworten sind doch besser als keine!" Nun muß Petra fragen: „Wie heißt der Hafen von Athen? In welchem Gebäude hat die Regierung in Moskau ihren Sitz?" Daß das Regierungsgebäude in Moskau der Kreml ist, weiß Gerlinde. Wie der Hafen von Athen heißt, bekommen die Mädchen nicht heraus. Am Ende muß Monika im Lexikon nachsehen, denn als Petra sagt, der Hafen von Athen sei Piräus, glaubt es niemand. Monika fordert von allen ein Pfand — außer Petra —, sicher nur, weil sie sich auf den Spaß beim Auslösen freut. Nun ist Rita an der Reihe: „Wißt ihr, ich komme mir langsam vor wie in der Erdkundestunde bei Fräulein Eiselt. Jetzt wollen wir lieber unsere Pfänder verteilen." Die anderen Mädchen sind damit einverstanden. Gerlinde muß einen Hofknicks machen. Dora soll einen Apfel mit dem Mund vom Boden aufheben. Sie muß sich dabei sehr quälen, aber die andern Mädchen haben viel zu lachen.

Es gibt noch viel Gelächter, und alle finden, daß es ein schöner Nachmittag war.

Hammerfest
Petschenga
Murmansk
A
Reykjavík
1
Narvik
4
5
Rovaniemi
Kemi
D
2
C
3
Archangelsk
6
Drontheim
B
9
Sundsvall
Vaasa
Bergen
E
7
Turku
Helsinki
Leningrad
Oslo
8
Reval
Stockholm
12
G
Edinburgh
Glasgow
11
Riga
10
3
Shannon
Dublin
Moskau
H
F
Kopenhagen
Malmö
Cork
Königsberg (Pr.)
14
Birmingham
13
16
Hamburg
Danzig
Minsk
6
Bristol
London
6
Plymouth
23
22
15
Dover
Calais
Brüssel
Berlin
Warschau
Kiew
Brest
20
27
19
Dresden
Paris
Frankfurt am Main
25
M
17
L
26
29
Nantes
JJ
21
K
Prag
18
Lemberg
24
Orleans
Straßburg
München
N
P
28
Bern
Wien
Budapest
Bordeaux
Innsbruck
Odessa
O
Q
Lyon
Zagreb
33
Mailand
R
Porto
Bilbao
Venedig
Sewastopol
30
31
32
Belgrad
Genua
Bukarest
S
38
40
Marseille
Nizza
V
U
Lissabon
34
Madrid
Sarajevo
35
W
Barcelona
Sofia
36
Korsika
T
X
Istanbul
Valencia
37
3
Rom
39
Z
Tirana
Balearen
Sardinien
Y
Saloniki
Neapel
Gibraltar
Cartagena
41
Athen
MITTELLÄNDISCHES MEER
Palermo
6
Sizilien
17
Zypern
Kreta

1 **Der Stockfisch.** Die ausgenommenen Kabeljaue und Schellfische werden auf besonderen Holzgestellen getrocknet und als Stockfisch verkauft.
2 **die Grenze.** Sie trennt die einzelnen Staaten voneinander. An den Grenzen entlang stehen Grenzsteine oder Grenzpfähle.
3 **die Eisenbahn,** mit ihrem dichten Verkehrsnetz ein wichtiges Transportmittel in den wirtschaftlich hochentwickelten Ländern Europas.
4 **die Autostraße,** ein wichtiger Verbindungsweg in den von der Eisenbahn nicht erreichten Gebieten.
5 **die Kirche,** besteht in Nordschweden ganz aus Holz
6 **das Flugzeug.** Zahlreiche internationale Luftlinien ermöglichen eine schnelle Verbindung.
7 **Oslo,** Hauptstadt von Norwegen und wichtigster Seehafen des Landes, Schiffsbau.
8 **Stockholm,** Hauptstadt von Schweden, an der Ostsee, Handelsplatz, bedeutende Industrien.
9 **der Holztransport.** Das in den großen Wäldern geschlagene Holz wird zur nächsten Sammelstelle gebracht.
10 **Moskau,** Hauptstadt der Sowjetunion, mit Kreml, dem früheren Zarenschloß. Verkehrsknotenpunkt.
11 **Shannon,** großer Land- und Seeflughafen für den Verkehr über den Atlantischen Ozean.
12 **Glasgow,** Stadt und wichtiger Hafen in Schottland, bedeutender Schiffsbau.
13 **Birmingham,** bedeutende Industriestadt, Flughafen.
14 **London,** Hauptstadt von Großbritannien, bedeutender Handelsplatz, wichtigster Hafen des Landes; Flughäfen. Königspalast. Viertgrößte Stadt der Welt.
15 **Dover,** Hafenstadt an der schmalsten Stelle des Ärmelkanals; wichtiger Fährhafen.
16 **die Windmühle,** der Wind dreht die vier Flügel; in den Niederlanden dient sie dazu, auf nassem Land das Wasser wegzupumpen.
17 **der Passagierdampfer,** großes Fahrgastschiff.
18 **die Loire,** größter Fluß in Frankreich, mündet nach 1020 km in den Atlantischen Ozean, schiffbar.
19 **Paris,** Hauptstadt von Frankreich, wichtiger Handelsplatz, Flughäfen.
20 **das Ruhrgebiet,** ein dichtbesiedeltes Industriegebiet.
21 **der Rhein,** größter deutscher Strom, wichtiger Schiffahrtsweg von der Schweiz bis zur Nordsee.
22 **Berlin,** ehemalige Hauptstadt von Deutschland, seit 1945 in vier Sektoren geteilt, Verkehrsknotenpunkt, Flughäfen. Liegt an den schiffbaren Flüssen Spree und Havel.
23 **die Weichsel,** großer, 1068 km langer, schiffbarer Fluß in Polen.
24 **Wien,** Hauptstadt von Österreich.
25 **das oberschlesische Industriegebiet,** mit Kohlenbergbau, Eisen- und Stahlindustrie.
26 **der Dnjepr,** großer, 2201 km langer, schiffbarer Fluß im europäischen Teil der Sowjetunion; Kraftwerk südlich von Kiew.
27 **Kiew,** bedeutende Stadt der Sowjetunion, mit der Sophienkirche; Maschinenindustrie.
28 **der Dnjestr,** Fluß im europäischen Teil der Sowjetunion, 1352 km lang; mündet ins Schwarze Meer.
29 **der Mähdrescher,** eine auf großen Getreidefeldern eingesetzte Erntemaschine.
30 **die Garonne,** Fluß in Südwestfrankreich, heißt vor der Mündung in den Atlantischen Ozean Gironde.
31 **die Rhone,** 812 km langer Fluß in Frankreich, bis zum Mittellauf schiffbar; Großkraftwerk.
32 **der Po,** 652 km langer Fluß in Italien.
33 **die Donau,** bedeutender Strom und wichtiger Schiffahrtsweg, fließt durch Deutschland, Österreich und Südosteuropa, mündet nach 2850 km in das Schwarze Meer.
34 **der Escorial,** Schloß und Kloster in Spanien, nordwestlich der Hauptstadt Madrid.
35 **der Ebro,** 927 km langer Fluß in Nordspanien.
36 **der Guadiana,** 830 km langer Fluß in Südspanien, durchfließt mit seinem Unterlauf Portugal.
37 **der Guadalquivir,** südspanischer 579 km langer Fluß, im Unterlauf schiffbar. Stauanlagen.
38 **Nizza,** südfranzösischer Kurort am Mittelmeer.
39 **Rom,** Hauptstadt von Italien, mit Petersdom und vielen anderen berühmten Bauwerken; Sitz des Papstes. Verkehrsknotenpunkt.
40 **Bukarest,** Haupstadt von Rumänien, verschiedene Industrien, in der Nähe wird viel Erdöl gewonnen.
41 **Athen,** Hauptstadt von Griechenland, überragt von der uralten Burg, der Akropolis.

A = Island
B = Norwegen
C = Schweden
D = Finnland
E = Sowjetunion
F = Irland
G = Großbritannien und Nordirland
H = Dänemark
I = Niederlande
J = Belgien
JJ = Luxemburg
K = Deutschland
L = Tschechoslowakei
M = Polen
N = Frankreich
O = Schweiz
P = Österreich
Q = Ungarn
R = Rumänien
S = Portugal
T = Spanien
U = Italien
V = Jugoslawien
W = Bulgarien
X = Albanien
Y = Griechenland
Z = Türkei (europäischer Teil)

Peter hat ein neues Quartett

Peter und seine Freunde wollten heute eigentlich auf dem Sportplatz Fußball spielen. Da es aber zu regnen begann, gingen einige von ihnen mit Peter, um sich daheim die Zeit zu vertreiben. Mit vier Jungen kommt Peter ins Kinderzimmer gestürmt. Monika muß das Feld räumen, und dann kramt Peter einige Spiele aus dem Schrank hervor. Eine Zeitlang wird Pferderennen, Autorennen und „Mensch ärgere dich nicht!" gespielt. Dann aber vergeht den Jungen die Lust daran, und Heinz meint: „Was fangen wir nun an?" Die Jungen sitzen sich eine Weile ziemlich ratlos gegenüber, bis Peter ein rettender Einfall kommt: „Ich habe ein neues Quartett!" Das müssen sich natürlich gleich alle ansehen. Es heißt: „Europäische Pflanzen". Peter erklärt: „Zu diesem Spiel gehören achtmal vier Karten. Ihr wißt sicher, daß bei einem Quartett immer vier Karten zusammengehören. Ich habe hier gerade die vier Deutschlandkarten in der Hand. Karte eins zeigt einen Eichenwald, Karte zwei eine Heidelandschaft mit Wacholderbäumen, auf Karte drei sind Landarbeiter bei der Kartoffelernte zu sehen, und auf Karte vier ist eine Kiefer abgebildet." Jürgen meint: „Die Bilder sind gut gezeichnet. Es ist nicht nur die betreffende Pflanze da, sondern außerdem auch noch das Blatt und der Same der Pflanze. Bei einer Kartoffelstaude hier ganz vorn sieht man sogar noch einen Kartoffelkäfer." Helmut hat sich inzwischen die vier Karten von Frankreich herausgesucht. „Sieh mal, Peter, hier ist eine ganze Weinernte abgebildet!" Alle sehen sich die Karte an. Herbert hat etwas anderes entdeckt: „Von der Sowjetunion habe ich mehr als vier Karten gefunden. Es gibt Sowjetunion I und II. Ein Quartett zeigt die vier Getreidearten, die dort am meisten angebaut werden, nämlich Weizen, Roggen, Hafer und Mais, und auf dem zweiten Quartett sind Sonnenblumen, Birken, Fichten und Tannen abgebildet." Heinz wird langsam ungeduldig: „Jetzt wollen wir aber spielen!" Helmut hat gerade wieder vier Karten herausgesucht, die zusammengehören: „Warte noch einen Augenblick", sagt er, „diese Karten müßt ihr euch unbedingt noch ansehen. Es sind die von Italien. Hier ist eine Zypresse, hier eine Pinie, hier ein großes Reisfeld und hier noch ein Olivenbaum." Die Jungen betrachten sich auch diese Karten eingehend, aber dann nimmt Peter die Karten, um zu mischen. „Misch nur gut", sagt Heinz, „damit nicht einer gleich alle vier Pflanzen von einem Land hat." „Gefragt wird nicht nach Zahlen und Nummern", erklärt Peter, während er die Karten verteilt, „sondern immer nach dem Land und der Pflanze. Heinz fängt an." Die Jungen ordnen ihre Karten. Heinz fragt: „Jürgen, hast du die Karte Polen, und zwar die Lärche?" Otto hat heute noch gar nichts gesagt, nun wird er plötzlich munter und wirft ein: „Ich denke, es sollen Pflanzen sein? Jetzt fragt Heinz nach einer Lerche, das ist doch ein Vogel!" Alle Jungen lachen. Herbert macht Otto den Unterschied zwischen einer Lerche und einer Lärche klar. Otto hört sich alles ganz ernsthaft an, nickt dann mit dem Kopf und sagt: „Ach, das ist mir völlig neu. So was! Und das soll ich dir glauben?" Peter hat längst gemerkt, daß Otto den Heinz zum Narren halten will und lacht: „Na, nun aber genug! Der hat dich doch nur zum besten!" Jürgen hat die Karte mit der Lärche, nun gibt er sie mit mißmutigem Gesicht an Heinz ab. Heinz darf noch einmal fragen: „Otto, ich möchte von dir ein bißchen polnischen Hafer haben." Otto macht ein pfiffiges Gesicht: „Tut mir sehr leid, mein

Herr! Jetzt darf ich fragen. Wer hat ein Edelweiß aus Österreich?" Dabei schaut er die Jungen der Reihe nach an und zeigt dann auf Peter: „Du, Peter?" Peter muß die Karte herausrücken. Nun geht die Fragerei lustig hin und her. Die Jungen müssen wieder herzlich lachen, weil Jürgen von Helmut ein Glas französischen Wein haben will. Sie schmücken ihre Fragen immer lustiger aus. Helmut zum Beispiel fragt: „Einmal Preiselbeerkompott aus Norwegen, Herr Ober!" Dabei zeigt er auf Herbert. Die Jungen fühlen sich bald als Ober, bald als Kaufleute, bald als Holzfäller. Als Peter Zitronensaft aus Spanien haben will, bekommen sie Appetit auf ein Glas Zitronensaft. Peter eilt in die Küche und bittet die Mutter um spanischen Zitronensaft. Leider hat sie gar keine Zitronen im Haus. Deshalb fragt sie den Jungen: „Darf es nicht spanischer Apfelsinensaft sein? Den habe ich nämlich vorrätig." Selbstverständlich sind die Jungen auch damit einverstanden.

Bald kommt Frau Meyer mit einem großen Tablett ins Kinderzimmer. Da steht Otto auf und hält eine kleine Rede: „Wir haben hier ein sehr schönes Spiel, Frau Meyer. Schade, daß Sie nicht mitspielen können. Leider haben wir nichts da, was wir Ihnen als Gegengabe für Ihren spanischen Apfelsinensaft anbieten können, aber sehen Sie sich wenigstens einen Augenblick diese Karte hier an. Darauf ist ein riesiges holländisches Tulpenfeld abgebildet. Riechen Sie einmal daran, und nehmen Sie in Gedanken einen großen holländischen Tulpenstrauß mit in Ihre Küche, und seien Sie recht herzlich bedankt." Frau Meyer lacht und macht zum Dank für diese hübsche Rede einen Knicks. Sie schaut sich die Karte an und sagt: „Wie hübsch! — Spielt schön weiter und trinkt euern Saft, ich muß wieder etwas tun." Damit geht sie aus dem Zimmer. Helmut sieht seinen Freund Otto ganz erstaunt an. Peter fragt ihn: „Warum starrst du Otto denn so an?" — „Mensch", sagt er, „habt ihr jemals eine solche Rede von Otto gehört? Ich bin ja ganz platt. Der hat ja ein richtiges Talent zum Reden. Na, nun wissen wir ja auch, wer in Zukunft in der Klasse die Reden halten muß." Dann geht das Spiel weiter. Eine volle Stunde noch beschäftigen sich die Jungen damit. Dann unterhalten sie sich noch eine Weile. Heinz meint: „Schade, daß nicht auch ein paar Spiele mit den wilden Tieren der Länder dabei sind. Man könnte nämlich mit solchen Quartetten alles ganz prima lernen." — „Ja, das stimmt!" pflichtet ihm Herbert bei, und er hebt den Zeigefinger und sagt: „Oder es müßte ein ganzes Quartettspiel mit den Bodenschätzen geben." Otto stellt sich erst wieder dumm. „Bodenschätze?" fragt er, als wüßte er nicht, was das ist. Heinz fällt wirklich auf seinen Spaß herein. Er erklärt: „Bodenschätze, das ist doch klar. Es sind die Schätze, die im Erdboden liegen, die Kohle, die Erze." Heinz kann gar nicht weiterreden, so lachen die anderen Jungen. Sie loben Heinz spöttisch, weil er das Wort so fein erklärt hat. „Aber warum willst du denn gerade ein Quartett mit Bodenschätzen haben, Herbert?" fragt Peter nun. Da macht Heinz seinen Reinfall wieder wett. „Du Schlaumeier!" ruft er Peter zu. „Gestern haben wir in der Schule von Erdöl gesprochen. Das gibt es in Norddeutschland. Und morgen will Fräulein Reimer davon sprechen, daß das meiste Erdöl für Deutschland in großen Tankschiffen und in langen Güterzügen aus fremden Ländern kommt. Aus welchen, meint ihr?" Das weiß keiner. Morgen werden sie es erfahren.

1 **Das Kupfer,** rotes Schwermetall, für elektrische Leitungsdrähte, Bleche, Münzen.

2 **das Eisen,** Schwermetall, wichtig für Schwerindustrie. Eisenerze werden in Bergwerken gefördert. Im Hochofen wird Eisen daraus gewonnen.

3 **die Birke,** sommergrüner Baum, bis zur Arktis vordringend. Blüten in Kätzchen. Weiße Rinde. (Arktis = kalte Gebiete im Norden).

4 **das Blei,** weiches Schwermetall, das besonders zu Kabelmänteln, Wasserleitungsrohren, Akkumulatoren und Munition verwendet wird.

5 **die Fichte,** großer, immergrüner Nadelbaum mit geradem, bis 50 m hohem, unverzweigtem Stamm. Nadeln stehen dicht spiralig, sind vierkantig. Samen in hängenden Zapfen, die bei Reife abfallen.

6 **das Gold,** Edelmetall, wird durch Auswaschen goldhaltigen Gesteins gewonnen. Verwendung für Schmuck und Münzen.

7 **die Preiselbeere,** Heidekrautgewächs, ledrige, wintergrüne Blätter, rötlichweiße Blüten, rote erbsengroße Früchte.

8 **der Hafer,** Getreidepflanze, Früchte in Rispen. Futtergetreide, das gut in kühlem Klima gedeiht.

9 **die Kiefer,** immergrüner Nadelbaum, wächst bis 40 m hoch. 2 bis 5 Nadeln auf einem Kurztrieb. Frucht in Zapfen, Samen geflügelt. Nutzholz.

10 **die Buche (Rotbuche),** bis 40 m hoher Laubbaum. Sommergrün. Liefert Holz für Möbel, Treppen, Eisenbahnschwellen. Frucht: die Buchecker; zwei dreieckige Früchte in stacheliger Hülle!

11 **die Kohle,** im Bergwerk gewonnen. Zum Heizen gebraucht: in Öfen, Lokomotiven, Kraftwerken. Aus Kohle werden Benzin, Perlon, Kunstgummi hergestellt.

12 **die Weißbuche,** bis 40 m hoch, mit säulenförmigem Stamm, hoch ansetzender Krone. Nutzholz.

13 **der Weizen,** Getreidepflanze, bis 1,20 m hoch. Alte Feldpflanze, braucht guten Boden. Wichtige Brotfrucht.

14 **die Gerste,** Getreidegras, wächst auch in Gebirgslagen, verlangt guten Boden. Futtergerste und Braugerste (Bier).

15 **die Erdölgewinnung.** Erdöl ist ein wichtiger Rohstoff, aus dem Benzin, Leuchtöle, Treibstoff für Dieselmotoren, Heiz- und Schmieröle gewonnen werden.

16 **der Roggen,** Getreideart, in Deutschland Brotfrucht. Wächst bis zur nördlichen Grenze des Ackerbaues, im Gebirge bis etwa 2000 m.

17 **die Tulpe,** Zwiebelgewächs. Aufrechtstehende weiße, gelbe oder rote Blüte, auch gefleckte und gestreifte, einfache und gefüllte.

18 **die Kartoffelpflanze,** krautige Knollenpflanze, Frucht kirschgroß, grün, giftig. Kartoffelknolle wichtiges Nahrungsmittel.

19 **der Wacholder,** immergrüner Nadelbaum, Nadeln graugrün. Wächst im Moor, auf der Heide und in lichten Nadelgehölzen. Frucht: schwarze Beeren.

20 **die Weide,** Laubbaum, auch als Strauch. Verschiedene Arten. An Gewässern und auf Wiesen oft die Salweide, graue Rinde, graufilzige Blätter.

21 **die Eiche,** mit Buche verwandt. Die Frucht (Eichel) sehr stärkehaltig, wird zur Schweinemast verwendet. Hartes, wertvolles Holz. Bäume werden sehr alt.

22 **die Lärche,** sommergrüner Nadelbaum. Weiche Nadeln, einzeln stehend an Langtrieben, gebüschelt an Kurztrieben. Fruchtzapfen hängen. Nutzholz.

23 **die Tabakpflanze,** Nachtschattengewächs. Blätter groß und breit. Anbau vorwiegend in warmen Ländern. Blätter werden getrocknet und bearbeitet; Tabak.

24 **die Sonnenblume,** stattliche einjährige Pflanze, bis 2,50 m hoch. Blüten bis 40 cm Durchmesser, leuchtendgelbe Blütenblätter. Die Samen liefern Öl.

25 **der Mais,** Getreidegras, bis 2,50 m hoch. Lange, breite Blätter. Fruchtkolben mit vielen Maiskörnern. Verwendung als Viehfutter, Maismehl für menschliche Nahrung.

26 **die Weißtanne,** Edeltanne, bis 65 m hoch. Nadeln bandförmig, oben dunkler als unten. Zapfen aufrecht. Wird 350 bis 450 Jahre alt.

27 **der Weinstock,** Kletterpflanze. Liebt warme Gebiete, Südhänge. Braucht sorgfältige Pflege. Viele Schädlinge.

28 **das Edelweiß,** Korbblütler, niedrige Staude, weißgraue, schmale Blätter, sternförmige, stehende, schneeweiße Blütenblätter. Wächst in den Alpen.

29 **der Reis,** Getreidegras, bis 1,80 m hoch. Schmale, lange Blätter, Früchte in Rispen. Gedeiht auf schwerem, feuchtem Boden. Wichtiges Nahrungsmittel.

30 **das Silber,** Edelmetall, Verwendung zu Schmuck und Münzen.

31 **der Ölbaum,** immergrüner, bis 12 m hoher Fruchtbaum. Weiße Blüten, die Frucht (Olive) klein, zwetschenähnlich; Ölgewinnung.

32 **die Korkeiche,** wird im Mittelmeerraum angebaut. Die dicke Borke (Kork) wird zum erstenmal nach 15 Jahren geschält, dann alle 6—10 Jahre.

33 **der Zitronenbaum,** als Strauch oder Baum angebaut, bis 7 m hoch. Immergrüne Blätter, blüht fast das ganze Jahr.

34 **der Apfelsinenbaum,** mit Zitronenbaum verwandt, große, weiße Blüten. Geschätzte Südfrucht.

35 **die Pinie,** Kiefernart des Mittelmeerraumes, bis 25 m hoch, schirmförmige, flache Krone. Samen (Piniennüsse) eßbar.

36 **die Zypresse,** immergrüner Nadelbaum. Schlanker, kegelförmiger Wuchs, bis 50 m hoch. Aus den Blättern Zypressenöl, Holz für Möbel.

37 **der Ginster,** strauchiger Schmetterlingsblütler, viele verschiedene Arten. Häufig im Mittelmeerraum.

4
1
2
2
3
5
3
1
6
7
5
1
9
1
2
5
5
8
9
2
3
9
11
2
8
8
12
11
15
16
13
14
18
20
17
18
1
19
10
16
11
2
18
2
11
2
14
22
15
24
13
26
23
27
21
11
2
23
14
27
14
4
13
2
28
15
9
15
27
27
2
13
25
13
1
27
15
31
11
2
4
11
29
4
30
23
13
30
27
1
37
2
6
25
15
35
36
6
4
1
2
33
33
27
27
3
30
1
32
2
34
1
27
23
4
13
27
27
31
6
27
27
31
2
27
8 KW–NA

Auf dem Trachtenfest

Unser Freund Peter steht vor einer Litfaßsäule und betrachtet ein riesiges buntes Plakat. Darauf ist zu lesen, daß in der Nachbarstadt eine „Woche der europäischen Trachten" stattfindet. „Da möchte ich hin!" denkt der Junge und fragt zu Hause seine Mutter. Die Mutter meint: „Da muß ich erst mit Vater sprechen." Der Vater ist auch einverstanden, und so fährt die ganze Familie am Wochenende nicht an den See, sondern zur Trachtenwoche.

Unterwegs im Omnibus fragt Peter: „Du, Papi, hast du dir auch das Plakat angesehen?" — „Ja, natürlich, Peter", antwortet Vater Meyer, „ich habe mir sogar noch einen Prospekt für die Trachtenschau besorgt." Er greift in seine Tasche und gibt Peter das bunte Heft. Monika beugt sich zu Peter, und beide sehen sich das Heft an. Zunächst finden sie einige deutsche Trachten abgebildet. Peter gefällt die Bückeburger Tracht am besten. Monika findet die Trachten der Frauen aus dem Spreewald noch schöner. Außer deutschen Trachten sind auch Trachten anderer europäischer Länder abgebildet. Im Prospekt lesen die Kinder, daß die Trachten, die in der Trachtenwoche gezeigt werden, schon vor mehreren hundert Jahren getragen wurden.

Nach eineinhalb Stunden kommt der Bus auf dem Marktplatz des Städtchens an. Schon während der Fahrt durch die Stadt waren außer vielen bunten Plakaten, Fahnen und Transparenten Menschen in den sonderbarsten Kleidungen zu sehen gewesen. Peter und Monika hatten immer wieder gefragt: „Was ist denn das? Woher kommen die Leute?" Aber der Vater hatte gemeint: „Laßt uns nur erst einmal aussteigen."
Und nun sind sie ausgestiegen und stehen auf dem Marktplatz. Obwohl Sonntag ist, haben alle Geschäfte geöffnet. Es gibt besonders viele Andenkenkioske. In einigen Läden stehen Schaufensterpuppen in den verschiedensten Trachten. Diese Läden sieht sich Familie Meyer zuerst an. Peter wundert sich: „Sieh mal, Monika, da steht sogar, daß man die Trachten hier kaufen kann." Monika meint: „Schade, daß sie so teuer sind, sonst würde ich mir eine Spreewäldertracht kaufen." In einem anderen Schaufenster sieht Peter plötzlich die Trachten von griechischen Hirten und Bauern. Nun gefallen ihm die viel besser als die Bückeburger Volkstracht.

Auf dem Wege um den Marktplatz und durch die Straßen der Stadt kommt die Familie Meyer auf einmal an einen großen, freien Platz. Das heißt, der Platz ist in Wirklichkeit gar nicht frei, sondern er wimmelt von Menschen. An seinem Rande ist ein riesiges Tor aufgebaut. Darüber hängt ein langes Transparent mit der Aufschrift:

FESTSPIELPLATZ
Europäische Trachtenschau

Auf dem Platz selbst sind lauter kleine Bühnen aufgestellt, und um jede Bühne stehen viele Menschen. Sie schauen zu, was die einzelnen Trachtengruppen Europas dort vorführen.
„So", sagt Herr Meyer zu seiner kleinen Schar, „den Eintritt habe ich bezahlt, jetzt machen wir hier auf dem Platz einen Rundgang und schauen uns die einzelnen Gruppen an." Die Mutter meint: „Wir wollen bloß aufpassen, daß wir uns nicht verlieren. Es sind so viele Menschen hier." Aber Peter und Monika sind schon zur ersten Bühne vorausgeeilt. Die Eltern gehen ihnen nach. Sie sehen eine Gruppe Holländer und Holländerinnen, die einen Volkstanz aufführen. Es sieht sehr hübsch aus, wie sie

über die Bretter hüpfen. Die Mädchen tragen spitze weiße Häubchen, deren Ecken über den Ohren lustig abstehen, enganliegende Mieder und weite Röcke. Am besten gefallen den Kindern die Holzschuhe, die so klobig aussehen. Aber die Holländerinnen scheinen sie kaum an den Füßen zu spüren. Auf einer anderen Bühne wird ebenfalls getanzt, aber hier sind es Spanierinnen, die einen wilden Tanz vorführen. In den Händen haben sie Kastagnetten, die sie im Takt der Musik klappernd bewegen. Rund um die tanzenden Frauen stehen Männer in engen schwarzen Hosen und kurzen, reich verzierten Jacken. So sind die Stierkämpfer in Spanien gekleidet, erinnert sich Peter und sagt: „Schade, daß wir hier keinen Stierkampf ansehen können." Auf einer weiteren Bühne wird Musik gemacht. Die Kapelle hat Blasinstrumente, die Peter und Monika noch nicht kennen. Die Mutter kennt sie aber: „Seht mal, Kinder, das ist eine Militärkapelle aus Schottland. Die Instrumente nennt man Dudelsäcke." Den Namen hat Peter schon gelesen. Plötzlich schreit Monika: „Mami! Die Männer haben ja Röcke an!" Alle Umstehenden lachen. Die Mutter sagt: „Ja, Monika, in Schottland werden auch von Männern Röcke getragen. Ihr müßt aber nicht denken, daß dort alle Männer in Röcken umherlaufen! Nur zu bestimmten Feiern wird die alte Nationaltracht getragen. Bei den schottischen Soldaten gehören die karierten Röcke zur Ausgehuniform." Darüber wundern sich die Kinder doch sehr. Dann kommen Meyers zu einer Bühne, auf der dunkelhäutige, schnurrbärtige Männer Geige spielen. Mehrere Paare tanzen dazu in sehr bunten Trachten. Auf einem Schild ist zu lesen: „Ungarn". „Ah", meint Vater Meyer, „die tanzen wohl einen Csárdás" (Tschardasch). Auf einmal hören unsere vier Bummler eine sehr lustige und schnelle Musik. Sie gehen weiter und sehen zwei Harmonikaspieler mit einer Gruppe tanzender Männer. Sie hüpfen in Hockstellung um die Bühne herum, werfen in dieser Stellung ihre Beine nach links, nach rechts und nach vorn. Alles ist eine rasend schnelle Bewegung mit Beinen und Armen, aber es geht nichts durcheinander. Die vielen tanzenden Männer machen alle die gleichen Bewegungen. Peter und Monika können kaum mit den Augen folgen, so schnell bewegen sich die Tänzer. Als der Tanz zu Ende ist, klatschen alle Umstehenden diesem polnischen Krakowiak Beifall.

Die vier Meyers sehen sich noch viele andere Zelte an. Fünf volle Stunden wandern sie auf dem großen Platz umher. Dann müssen sie zu ihrem Omnibus zurück. Während der Rückfahrt erzählt Herr Meyer seinen Kindern: „Vor einigen Jahren war auf dieser Ausstellung etwas ganz Besonderes zu sehen. Da standen auf dem Festspielplatz zwei Zelte. In dem einen wohnten Lappen. Das sind die Bewohner des höchsten Nordens von Europa. Vor nicht gar zu langer Zeit hatten viele Lappen keine festen Wohnsitze, sondern zogen mit ihren Zelten und Rentieren von Ort zu Ort. Das Ren benutzten sie als Zug- und Reittier. Jetzt sind die meisten Lappen seßhaft. Ihre schöne bunte Tracht tragen sie immer noch." — „Und in dem anderen Zelt, Papi?" fragt Monika. „Da waren Ponys untergebracht, die eine isländische Familie mitgebracht hatte. Die Tiere führten allerlei Kunststücke vor, und die Kinder durften auf ihnen reiten." — „Schade, daß sie dieses Jahr nicht hier sind", ruft Monika, und Peter stimmt ihr bei.

Die Kinder sind vom vielen Schauen müde, aber sie sind auch sehr froh, denn diese kleine Reise hat sich wirklich gelohnt. Peter und Monika nehmen sich vor, die Trachtenschau im nächsten Jahre wieder zu besuchen.

1
2
3
4
5
6
7
8
9
10
11
12
13
14
15
16
17
18
19
20
21
22
23
24
25
26
27
28
29
30
31
32
33
34
35

1 **Der Postbote** auf Island, mit umgeschnallter Brieftasche und Posthorn. Für die unwegsamen Strecken zwischen den weit auseinanderliegenden Bauernhöfen benutzt er gern ein Pony.

2 **das Pony,** besonders kleines Pferd mit buschiger Mähne, schönem, vollem Schweif und struppigem Fell.

3 **der Fischdampfer,** für die Hochseefischerei. Seefischerei betreiben in Europa vor allem: England, Norwegen, Deutschland, Island, Frankreich.

4 **der Schotte,** Nationaltracht: buntkarierter Rock (Kilt), Kniestrümpfe, schwarzes Jäckchen. In dieser Tracht werden Volkstänze aufgeführt.

5 **der Fischer in Norwegen.** Fischer, Seefahrer und Bauer sind Hauptberufe in Norwegen.

6 **die Schwedin,** hier in Volkstracht, die nur an besonderen Tagen getragen wird.

7 **der Lappe,** mit Ren. Die Rentierzüchter sind Nomaden, leben in Zelten (Koten). Auch Ackerbau und Kleinviehzucht.

8 **das Schaf** grast auf den weiten, grünen Weideflächen Irlands. Bekannt: irische Wolle.

9 **der Soldat der Königlichen Garde.** Leuchtendroter Rock, schwere Bärenfellmütze. Leibwächter der Königin. Von den traditionsliebenden Engländern geschätzt und geachtet.

10 **die Holländerin,** mit Wassereimern am Tragholz. Ihre Tracht ist schmuckreich und wertvoll. Allein das 9teilige Spitzenhäubchen kostet über 1000 Gulden.

11 **der dänische Schiffer,** befährt auf Handelsschiffen die Weltmeere. Wichtiger Export Dänemarks: Butter, Eier, Speck. (Export = Verkauf in fremde Länder)

12 **das Rind** zählt zu den nützlichsten Haustieren. Liefert Milch, Käse, Fleisch, Leder.

13 **das Huhn** wird etwa 30 cm hoch. Es gibt Legehühner und Fleischhühner.

14 **das Pferd.** Berühmte Pferdezucht in Belgien, Holstein, Niedersachsen, Ostpreußen.

15 **der russische Soldat** trägt eine braune Uniform, Stiefelhosen, Pelzmütze mit Kokarde, breite Schulterklappen.

16 **der Angler.** Angeln ist ein Lieblingssport der Franzosen.

17 **die Pariserin** gibt für viele Frauen in aller Welt das Vorbild für modische Kleidung. Die Modegeschäfte vieler Länder richten sich immer nach der neuesten Pariser Mode.

18 **der Bergwerkarbeiter** im Ruhrgebiet; bohrt die Kohle aus dem Flöz und fördert sie zutage. Äußerst harter Dienst.

19 **der Bayer** trägt noch heute oft wie seine Vorfahren die altbekannte oberbayrische Kleidung mit „Krachledernen", Joppe und Jodlerhütchen.

20 **die Ziege** liefert Milch, Käse, Fleisch, Leder. Viele Ziegen werden in Spanien, der Sowjetunion und in Mitteleuropa gehalten. 1—2 Junge im Frühjahr.

21 **der polnische Bauer.** Fast die Hälfte der polnischen Bevölkerung lebt auf dem Lande.

22 **die Gans,** Wasservogel mit Schwimmhäuten zwischen den Zehen. Berühmt sind die polnischen Gänse.

23 **der Kosak** ist bekannt als wilder Reiter, durch schnelle Tänze (oft in der Hocke). Hervorragender Chorsänger.

24 **die Spanierin.** Sie hat beim Tanz die Kastagnette in der Hand; das ist ein Klapperinstrument. Damit rasselt sie im Takte der Musik.

25 **der Torero,** Stierkämpfer, trägt in der Arena schmuckreiche, oft mit Gold bestickte Gewänder. In Spanien wie ein Held gefeiert.

26 **der Stier.** In Spanien auf seine Schönheit und Kraft besonders kundig begutachtetes und geschätztes Tier. Stierhatz und Stierkampf.

27 **die Ziege** der Gebirge. Erdfarbig, grau, lebt im einsamen Hochgebirge. Sehr gewandt, guter Kletterer, rauflustig.

28 **der Hirt** hütet auf der Alm (Bergwiese) Schafe, Kühe, Ziegen. Blasinstrument: Schalmei oder Alphorn.

29 **der Mönch** mit brauner Kutte, Sandalen, Käppchen. Gehört zu den Franziskanern. Rom: Sitz des Papstes.

30 **der Jugoslawe,** in einer Volkstracht des Landes: gewickelte Wollhosen, bestickte Hemden, Pelzumhang und Opanken (grobe Schuhe ohne Absätze).

31 **der ungarische Geiger** spielt besonders schön die Zigeunermusik. Viele solche Geiger sind selbst Zigeuner.

32 **die Bulgarin** trägt zwei teppichartige Schürzen (vorn und hinten), Trägerrock, reich geschmückte Bluse und häufig ein Kopftuch.

33 **die Sizilianerin** trägt hier einen Wasserkrug auf dem Kopf, wie es in vielen Orten der Insel Sizilien üblich ist.

34 **der Grieche.** Festgewand: weitärmeliges Hemd, oft mit Schnüren besetzte Weste, wollener Überrock, rote Mütze mit langer Quaste.

35 **das Mittelmeerschiff,** Personen- und Frachtschiff. Verkehrt im Mittelländischen Meer.

Asien, Tiere

1 Das Wildschwein, Vorfahr unseres Hausschweins. Dunkles, graubraunes Fell, die Jungen sind gestreift. Schnelle Läufer und Schwimmer, leben in sumpfigen Gebieten.

2 der Wolf, einer der Vorfahren unseres Hundes. Bis 1,50 m lang und 85 cm hoch. Gefährliches Raubtier, greift sogar Pferde an. Lebt im Sommer oft einzeln, im Winter in Rudeln.

3 das Ren (Rentier), Hirschart, lebt in Herden. Beide Geschlechter tragen ein Geweih. Sehr dichtes Fell, das die Tiere im Winter vor der schneidenden Kälte schützt. Nahrung: Kräuter, Knospen, Flechten, Moose.

4 der Elch, größte Hirschart, bis 2 m lang, 1,90 m hoch. Großes Schaufelgeweih. Nahrung: Baumrinden, Knospen, Blätter.

5 der Silberfuchs, Fuchs des hohen Nordens. Das Fell ist an den Spitzen silbrig weiß, am Grunde dunkel. Schwanz schwarz mit weißer Spitze. Lebensweise wie der Rotfuchs.

6 die Lumme, Tauchvogel, entengroß. Dem Pinguin ähnlich. Flügel unter Wasser als Ruder. Guter Schwimmer.

7 der Braunbär, bis 2,20 m langes Raubtier. Dichtes Fell in allen braunen Tönungen. Lebt hauptsächlich von Pflanzen, fällt aber auch Tiere an.

8 der Biber, Nagetier. Breiter Schwanz, an den Hinterfüßen Schwimmhäute. Wassertier, lebt an Flußufern. Geschätzter Pelz.

9 das Riesenreh, Gebirgstier, lebt in Höhen bis 2000 m. Etwas größer als unser Reh.

10 der Wapiti, Edelhirsch. Mächtiges Geweih, bis 1,65 m lang. Glatthaarig, schlankgliedrig, Pflanzenfresser.

11 der Schakal, hundeartiges Raubtier, schmutzig gelb oder graugelb, kleine Ohren. Länge etwa 1 m. Nachts geht er auf Raub aus, dabei hundeähnliches Geheul.

12 der Auerhahn (das Auerhuhn), größtes Waldhuhn. Männchen und Weibchen verschieden in der Federfarbe. Weibchen kleiner als der etwa gänsegroße Hahn. Sehr scheu, lebt häufig im Gebirge.

13 der Luchs, katzenartiges Raubtier, bis 1 m lang An den Ohren Haarpinsel, Pupillen strichförmig.

14 die Baikalrobbe, Wassersäugetier, Vorder- und Hinterbeine als Flossen ausgebildet. Nahrung: Fische. Man nimmt an, daß diese Robbe seit der Eiszeit im Baikalsee lebt und sich zum Süßwassertier umgebildet hat.

15 der Amurtiger (sibirische Tiger), Raubkatze, 2—3 m lang. Gestreckter Leib, Schwanz ohne Quaste, runder Kopf. Gefährliches Raubtier, greift u. a. Wildschweine und Hirsche an. Hat seinen Unterschlupf oft in Felsklüften.

3
3
4
5
2
6
9
10
8
7
13
14
15
12
18
19
17
23
22
25
24
32
29
30
31
28
35
36
40
34
37
39
38

16 der Waran, Eidechse, bis 2 m lang. Langer Kopf und Hals. Schwanz länger als der Körper. Läuft rasch, schwimmt gewandt und ausdauernd.

17 das Wildpferd, Vorfahr unseres Pferdes. Kleiner als dieses. Lebt in Herden.

18 der sibirische Steinbock, Gebirgsziege ganz Zentralasiens. Stämmig, nicht sehr hohe Beine, Schwanz unten nackt, dreieckig. Beide Geschlechter tragen Hörner. Am Kinn steifer Bart.

19 der japanische Schwarzbär, kleiner als der Braunbär. Schwarzes Fell mit weißem Brustlatz.

20 die Hyäne, Raubtier, so groß wie ein Schäferhund, mit borstiger Mähne. Lebt in den Steppen Südwestasiens. Frißt viel Aas.

21 die Bezoarziege, Vorfahr der Hausziege, Gebirgstier. Größer als die Hausziege. Hörner, die länger als 0,75 m werden können. Auf dem Rücken schwarzer Streifen. Rötlichgraues oder rötlichgelbes Fell.

22 die Himalajaziege, Gebirgsziege, kräftiger Körperbau, braunes Fell.

23 der Jak, Wildrind, über 3 m lang, am Buckel fast 2 m hoch. Sehr langhaariges Fell, schwarz mit bräunlicher Tönung, am Kopf gewellt. Lebt in den asiatischen Hochgebirgen. Ruht am liebsten im Schnee. Auch zahme Jaks. Die Kühe sind kleiner.

24 die Zibetkatze, Schleichkatze, bis 80 cm lang. Düster bräunlichgelbes Fell mit rostroten Flecken und schwarzen Längsstreifen. Raubtier.

25 der Riesensalamander, Wassermolch, bis 1,60 m lang. Abgeplatteter Ruderschwanz.

26 der Gepard, Großkatze, sehr langbeinig. Steppentier, gelbliches, getüpfeltes Fell, schmächtiger Körper, kleiner Kopf.

27 der Flamingo, hochbeiniger, langhalsiger Vogel, bis 1,25 m hoch. Weißrosa Federn. Schultern rot. Steht gerne in seichten Gewässern.

28 der indische Elefant, riesiges Rüsseltier, bis 80 Zentner schwer; hat Stoßzähne (Elfenbein, bis 3 m lang). Intelligentes Tier, wird gezähmt als Arbeitstier verwendet. Nahrung: Laub, Gras, Baumrinden. Der indische Elefant ist kleiner, hat auch kleinere Ohren und Stoßzähne als der afrikanische.

29 der Bengaltiger (Königstiger), bis 3 m lang. Schöner gezeichnet als der Amurtiger (vgl. Nr. 15).

30 der Goldfasan, Hühnervogel, bis 85 cm lang. Prächtiges Gefieder. Das Weibchen ist sehr viel unscheinbarer als das Männchen.

31 der Alligator, Panzerechse, wird etwa 2 m lang, krokodilähnlich. Räuberischer, gefräßiger Süßwasserbewohner.

32 der Riesenkrake, achtarmiger Tintenfisch, jeder Arm bis 12 m lang. Das Tier lebt räuberisch auf dem Meeresboden. Kein Fisch, sondern Weichtier.

33 die Seeschlange, Küsten- und Hochseetier, bis 3,50 m lang. Abgeplatteter Ruderschwanz. Bringt lebendige Junge zur Welt. Sehr giftig.

34 der Panther, Großkatze, guter Kletterer und Springer. Fell gelblich mit schwarzen Flecken, auch ganz schwarzes Fell. Gefährliches Raubtier. (= Leopard)

35 die Hirschziegenantilope, schlank, zierlich, bis 1,30 m lang. Der Bock trägt 1/2 m lange, geringelte, drei- bis viermal schraubenförmig gedrehte Hörner. Kurzhaariges, braungraues bis schwarzes Fell. Lebt in Herden.

36 der Wasserbüffel. Wildtier und Haustier. Wildform 2 m lang, 1,8 m Schulterhöhe. Lange, gebogene Hörner. Wehrhaftes Tier, das sich sogar gegen Tiger erfolgreich wehrt. Liegt gern im Wasser. Haustier wird als Zugtier, besonders beim Reisbau, verwendet.

37 der Tapir, Huftier, mit Nashorn und Pferd verwandt. Bis 2,50 m lang, Schulterhöhe bis 1 m. Kurzer Rüssel, lebt von Pflanzen.

38 der Gibbon, schwanzloser Affe, dessen Arme außergewöhnlich lang sind. Klettertier, das sich über etliche Meter von Baum zu Baum schwingt. Nahrung: Pflanzen, Früchte und Kleingetier.

39 das Schuppentier, Säugetier. Spitze Schnauze, wurmförmige Zunge. Rumpf, Beine und Schwanz mit großen Schuppen bedeckt. Das Tier sieht aus wie ein Tannenzapfen. Grabfüße mit Krallen. Nahrung: Termiten und Ameisen.

40 der Koboldmaki, Halbaffe, rattengroß, Schwanz ungefähr so lang wie Körper. Große Augen, dünne Arme und Beine. Wird auch Gespenstertier genannt. Macht Sprünge bis zu 1 m. Braungraues bis rotbraunes Fell.

Peter und Monika wetten

Peter und Monika sind auf dem Wege von der Schule nach Hause. Zuerst unterhalten sie sich ganz vernünftig, aber dann gibt es auf einmal Streit. Jeder Junge und jedes Mädel kennt das ja. Monika behauptet nämlich, in einem Film einen afrikanischen Tiger gesehen zu haben. Peter ist gleich unhöflich: „Du bist selbst ein afrikanischer Tiger!" Monika ist beleidigt: „Wieso denn das?" — „Na", antwortet Peter überlegen, „weil es in Afrika keine Tiger gibt, mein Schwesterchen!" — „Ist ja wirklich allerhand", platzt Monika los. „Erstens bin ich älter als du, deshalb muß ich es besser wissen, und zweitens", aber da weiß Monika nicht mehr, was sie noch sagen wollte. Peter lacht: „Und zweitens hast du ihn in deinem Film gesehen, nicht? Oder hast du ihn im Spiegel gesehen?" — „Ach, Peter, nun sei doch mal vernünftig. Du sagst, es gibt in Afrika keine Tiger, ich sage, es gibt welche. Wetten wir, ja?" Peter ist einverstanden. Der Vater soll entscheiden. Monika ist etwas eingefallen: „Du Schlauer, wo gibt es denn überhaupt Tiger, wenn nicht in Afrika?" Peter denkt einen Augenblick nach: „Ich weiß ganz genau, daß es in Asien zwei Arten von Tigern gibt. Papi nennt sie A- und B-Tiger. Der B-Tiger ist der Bengaltiger, den anderen habe ich vergessen." Monika fällt ihre Wette wieder ein: „Also, was ist denn nun, wollen wir um eine Rolle Drops wetten?" Peter wird ein bißchen unsicher, aber dann sagt er entschlossen: „Gut! Eine Rolle Drops. Wette gilt!" Damit ist der Streit vorerst beendet.

Abends kommt Herr Meyer nach Hause, und sofort bestürmen ihn die Kinder mit der Frage, wo es Tiger gibt. Peter hat inzwischen im Lexikon nachgelesen und freut sich schon auf die Drops. Monika hat ihre Schulbücher durchgesehen, im Asien-Kapitel hat sie nichts über Tiger finden können. Der Vater entscheidet die Streitfrage sehr schnell: „Tiger gibt's nicht in Afrika, nur in Asien. Wir kennen den Bengal- und den Amurtiger, den man auch sibirischen Tiger nennt, und die Inseltiger." Peter freut sich: „Siehst du, Monika! Morgen mußt du mir eine Rolle Drops kaufen!" Da merkt der Vater, was sich zwischen den beiden abgespielt hat. Er beobachtet, wie enttäuscht Monika ist. Er vertieft sich in seine Zeitung, und die Kinder unterhalten sich wieder. Auf einmal schaut Herr Meyer wieder hinter seiner Zeitung hervor und sagt: „Unser Zoo hat heute einen schönen Hirsch aus Ostasien bekommen." „Einen Elch!" sagt Monika. Vater Meyer lächelt: „Nein, keinen Elch." Peter meint: „Etwa ein Ren?" — „Ich hab's!" schreit Monika plötzlich. „Einen Wapitihirsch!?" Sie ist sich nicht so ganz sicher und schaut ihren Vater fragend an. Peter ruft: „Pah! Wapiti und Asien! So was! Daß es in Asien und nicht in Afrika Tiger gibt, glaubst du mir ja nun, was? In Asien findet man Wölfe, Luchse, sibirische Steinböcke, im südlichen Asien, also in Vorder- und Hinterindien, leben Elefanten, Hirschziegen mit so gewellten Hörnern, Wildpferde und noch viele andere wilde Tiere, aber den Wapitihirsch, liebes Schwesterchen, fängt man in Amerika." Monika wird über Peters höhnischen Ton doch ein bißchen ärgerlich: „Ich glaube, der Wapitihirsch lebt doch auch in Ostasien!" — „Na, na, Kinder, nun streitet euch nicht schon wieder, sondern wettet lieber, nachher sage ich es euch." Peter ist sofort dabei: „Los komm, Monika, wir wetten wieder um eine Rolle Drops, damit ich morgen zwei bekomme." — „Gut", sagt Monika entschlossen, „damit du morgen keine bekommst. Die Wette gilt!" Und nun schauen sie beide gespannt ihren Vater an. Der hat seine Zeitung weggelegt und lächelt seine beiden Kampfhähne an: „Na, du hast ja vorhin eine ganz lustige Rede gehalten, mein Sohn. Die hübschesten Wildtiere Asiens hast du aber gar nicht genannt. Da sind im Norden noch die Silberfüchse zu nennen oder aus der asiatischen Vogelwelt der Goldfasan und der Flamingo . . . ." — „Mach es nicht so spannend, Papi", ruft Monika, „habt ihr nun heute einen Wapitihirsch aus Asien bekommen oder nicht?" — „Wir haben tatsächlich einen Wapitihirsch aus Ostasien bekommen." Da hättet ihr aber Monika jubeln hören können. Peter meint: „Also doch. Das hätte ich nicht vermutet. Nun bekommt aber wenigstens keiner eine Rolle Drops oder alle beide. Dann kann sich ja auch jeder selber eine kaufen." — „Nur deshalb habe ich doch jetzt diese Sache erzählt", sagt Herr Meyer schmunzelnd. Der Streit ist vergessen, und die beiden Kinder müssen lachen. Monika hat noch etwas auf dem Herzen: „Sag mal, Papi, wie ist das eigentlich mit den weißen Kühen in Indien. Unsere Lehrerin hat neulich erzählt, es seien heilige Tiere." — „Ja, das stimmt. Die weißen Kühe laufen dort in den Straßen der Städte und Dörfer umher, keiner tut ihnen etwas, man darf sie nicht verjagen, wenn sie sich irgendwo aufhalten. Wenn zum Beispiel mitten in Kalkutta auf einer Hauptverkehrsstraße eine weiße Kuh liegt, so müssen alle Autos um sie herumfahren, oder der ganze Verkehr stockt. Wenn die Kühe von einem Menschen belästigt werden, so kommt es oft zu Schlägereien, weil die Inder das nicht dulden." — „Ich weiß auch, Papi, warum die Kühe heilig sind. Die Inder glauben nämlich, daß die Seelen der toten Menschen in Tieren weiterleben, und wenn sie in Kühen weiterleben, so soll das eine Zwischenstufe auf dem Wege zur himmlischen Glückseligkeit sein. Das hat uns die Lehrerin erzählt", wirft Monika dazwischen. Peter hat auch etwas dazu zu sagen: „Bei den Indern sind nicht nur die Kühe so geschützt, sondern auch alle anderen Tiere dürfen nicht getötet werden." Monika wird ungeduldig: „Aber das meine ich doch gar nicht. Ich mein doch, daß diese Tiere — und vor allem die Kühe — gar nicht wie zahme Tiere leben, sondern daß sie ganz frei und wild mitten in den Städten leben. Das ist doch so sonderbar." Herr Meyer denkt eine Weile nach: „Vielleicht hast du recht, Monika, aber die Kühe sind trotzdem keine wilden Tiere. Wildtiere gibt es nur dort, wo tatsächlich jedes Lebewesen auf sich selbst angewiesen ist. Die vielen Wildtiere Asiens, Afrikas und der anderen Erdteile und aller Meere müssen täglich darum kämpfen, daß sie nicht untergehen. Sie müssen ihre Nahrung suchen, müssen sich vor ihren Feinden, vor Kälte oder Hitze, vor Nässe oder Trockenheit schützen. Bei den Kühen in den indischen Städten ist das nicht so. Die Kühe gehen durch die Straßen, und wenn sie an einem Gemüsestand vorbeikommen, so bedienen sie sich eben, ohne zu bezahlen, und kein Mensch verwehrt es ihnen. Im Gegenteil, der Händler ist glücklich, daß ein heiliges Tier von seinem Gemüse genommen hat." „Von den Affen in Indien hat Käpt'n Hansen einmal erzählt, daß sie den Leuten die Früchte sogar aus der Hand stehlen. Manchmal nehmen sie den Frauen Handtaschen oder Hüte weg", sagt Peter. „Tieren ist dort einfach alles erlaubt", meint Herr Meyer. „Wenn ihr das nun wißt, dann werdet ihr auch verstehen, daß die meisten Inder kein Fleisch essen. Sie sind Vegetarier. Die Affen aber sind in manchen Gebieten so zur Landplage geworden, daß sie dort eingefangen und mit der Eisenbahn in weit entfernte Gegenden gefahren werden."

Ein Abend bei Fischers

„Kinder! Mutter! Nach dem Abendbrot gehen wir fort, Fischers haben uns eingeladen." So kommt der Vater eines Tages von der Arbeit nach Hause. Mutter wendet ein: „Ich habe keine Zeit. Was soll mit dem Baby werden?" Peter weiß auch nicht recht, ob er sich freuen soll: „Baby kann ja mitkommen, aber was sollen wir dort?" Monika hat inzwischen dem Vater den Mantel und die Aktentasche abgenommen. Herr Meyer setzt sich in seinen Sessel und antwortet: „Ihr wißt doch, daß Fischers lange verreist waren. Sie waren in Asien und haben dort einen Film gedreht, den sie uns heute zeigen wollen." Da sind natürlich alle begeistert, und auch die Mutter zeigt wieder ein fröhliches Gesicht. Herr Fischer ist ein Arbeitskollege von Herrn Meyer. Er hat einen Tiertransport aus Indien holen müssen.

Am Abend sitzen sie nun alle bei Fischers im Wohnzimmer und sehen sich an, was Herr Fischer — die Kinder nennen ihn Onkel Herbert — unterwegs aufgenommen hat. Zuerst zeigt er einige Fotos. Mit einem Bildwerfer werden sie vergrößert und auf einer weißen Leinwand gezeigt. Später soll noch ein richtiger Film folgen. Frau Fischer — Peter und Monika sagen Tante Karin zu ihr — erklärt den großen und kleinen Zuschauern, was auf den Bildern zu sehen ist.

„Wir haben diesmal während unserer Reise wenig Tiere fotografiert, sondern vor allem Pflanzen. Dabei sind auch solche, die wir fast täglich als Gewürze im Haushalt verwenden. Da seht ihr zum Beispiel Zimt und Gewürznelken." — „Die hätte ich mir ganz anders vorgestellt", sagt Monika. Peter lacht: „Das sind doch nur die Bäume, die du hier siehst." — „Weiß ich doch", sagt Monika, „wo sind denn aber nun die Nelken?" Da schaltet sich Herr Fischer ein: „Also, es gibt viele Arten von Nelken. Die wichtigste ist ohne Frage der in Südasien, Südamerika und Australien wachsende Gewürznelkenbaum. Die Knospen dieses Baumes werden getrocknet, das sind dann die Gewürznelken, die deine Mutter in der Küche hat." — „Und wie ist das mit dem Zimt?" fragt Peter. Frau Fischer zeigt auf einen Baum: „Von diesem Baum wird die innere Rinde junger Zweige getrocknet. Die Rinde findest du dann entweder in der Milchsuppe wieder, die Mutter gekocht hat, oder der Zimt wird gemahlen über den Reis gestreut." Onkel Herbert zeigt noch einige andere Bilder mit Pflanzen, die in Asien wachsen. Peter wundert sich darüber, daß es in Asien Bäume und Sträucher gibt, die auch in Europa vorkommen, wie zum Beispiel Eichen, Lärchen, Fichten, Birken und Buchen. „Da gibt es also auch Walnüsse?" fragt Monika bei einem Bild ganz erstaunt. Herr Fischer lacht: „Du hast wohl nicht gewußt, daß die Walnuß aus Asien stammt? Die Römer haben sie nach Europa gebracht, zuerst nach Italien, das früher ja auch Welschland genannt wurde. Daher der Name. Walnuß bedeutet nichts anderes als welsche Nuß. — Übrigens sind die Nüsse, die so gut schmecken, nicht das einzige, was dieser Baum liefert. Es werden auch die Blätter verwendet. Aus ihnen kann ein Tee bereitet werden, und aus dem Holz werden Möbel gebaut." Da fällt Monika etwas ein: „Es gibt doch auch Walnußöl, nicht wahr, Tante Karin?" — „Ja, natürlich", erwidert Frau Fischer, „Walnußöl ist sehr kostbar und wird aus den Samen gepreßt." Auf einem anderen Bild erkennen Meyers das Rhododendron. Peter versucht, Tante Karin den Namen des sehr hübsch blühenden

Strauches nachzusprechen, was gar nicht so leicht ist. Dann erscheint wieder ein Baum auf der Leinwand, und Herr Fischer fragt: „Monika, was für ein Baum ist das?" Monika weiß es nicht, und auch Peter rät herum. Herr Meyer meint: „Den Baum kennt ihr beide genau. Gar nicht weit von hier wachsen sogar einige Exemplare davon." Frau Fischer will helfen: „Denkt doch mal an die Seidenraupe!" Da fällt Monika der Name wieder ein: „Das ist ein Maulbeerbaum. Daß ich den nicht erkannt habe! Und dabei mußten wir im vorigen Jahr so viele Blätter für die Seidenraupenzucht in der Schule pflücken." Onkel Herbert lächelt: „Sieh mal, so vergeßlich ist man. Wißt ihr übrigens, daß die Seidenraupen mit List und Tücke aus Asien herausgeschmuggelt wurden?" Die Kinder verneinen. Da erzählt Onkel Herbert: „Echte Seidenstoffe konnte man im Mittelalter, also vor etwa 500 Jahren, nur aus China bekommen. Die chinesische Seide war sehr teuer und wurde durch Händler von China nach Europa gebracht. Zuerst konnte niemand herausbekommen, wie die Chinesen die Seide herstellten. Später hat man dann erfahren, daß die Fäden für die Seide von kleinen Raupen stammen. Die Raupen spinnen sich in einen sogenannten Kokon ein, der von den Chinesen dann zu der berühmten chinesischen Seide verarbeitet wird. Auf alle mögliche Art und Weise wurde versucht, einige dieser Raupen nach Europa zu bringen, aber die Chinesen paßten überall an ihren Grenzen gut auf. Sehr lange Zeit kam keine einzige Raupe aus China heraus. Dann gelang es einem Mönch, ein paar Raupen in einem hohlen Spazierstock aus China herauszuschmuggeln. So kam die Seidenraupenzucht nach Europa." — „Das ist eine ganz hübsche Geschichte, aber ob das so ganz stimmt, ist nicht bekannt, nicht wahr, Herbert?" meint Herr Meyer. Herr Fischer lacht: „Ja, ja, aber es erzählt sich ganz nett."

Die Bilder sind nun zu Ende, und nach einer kurzen Rauchpause läuft dann ein interessanter Film ab. Herr Fischer sagt: „Nun will ich euch noch etwas ganz anderes zeigen." Dann beginnt Frau Fischer mit ihrem Bericht: „Asien ist sehr reich an Bodenschätzen. In Japan findet man Kohle, Erdöl, Kupfer, Zink, Gold und Silber. Aber auch die anderen asiatischen Länder haben Schätze, die sie aus dem Erdboden fördern. Wir wollen mit unserem selbstaufgenommenen Film nur zwei der wichtigsten Schätze Asiens herausgreifen und einiges über die Gewinnung von Erdöl und Kautschuk zeigen. Das Erdöl spielt in Vorderasien eine sehr große Rolle. Dort gibt es weite Gebiete, auf denen Förderturm an Förderturm steht. In dicken Rohren fließt das gewonnene Erdöl bis zur Verladestation. Manchmal sind diese Leitungen viele hundert Kilometer lang. Zuerst schaut euch nun mal an, wie das Erdöl in Vorderasien gewonnen wird."

Später folgen Bilder, die Herr Fischer auf einer Kautschukplantage in Südostasien aufgenommen hat. Die Zuschauer sehen, wie die riesigen Kautschukbäume angeritzt werden und wie dann tropfenweise eine helle Flüssigkeit ausfließt. Der Kautschuksaft wird zum Gerinnen gebracht und dann getrocknet. In dieser Form wird der Kautschuk verschickt. Sowie der Film zu Ende ist, meint Peter: „Die Leute, die auf einer Kautschukplantage arbeiten, haben es sicherlich nicht leicht." — „Weißt du, was aus Kautschuk hergestellt wird?" fragt ihn der Vater. „Ja, natürlich", sagt der Junge, „alles, was irgendwie mit Gummi zusammenhängt, wird aus Kautschuk gemacht." Herr Meyer ist mit Peters Antwort nicht ganz einverstanden: „Na, darüber wollen wir uns gelegentlich noch einmal unterhalten, mein Sohn."

1 **Der Weizen,** Getreidepflanze, bis 1,20 m hoch. Alte Feldpflanze, braucht guten Boden. Wichtige Brotfrucht.

2 **die Kiefer,** immergrüner Nadelbaum, wächst bis 40 m hoch. Zwei bis fünf Nadeln auf einem Kurztrieb. Frucht in Zapfen, Samen geflügelt. Als Nutzholz viel verwendet.

3 **die Lärche,** sommergrüner Nadelbaum. Weiche Nadeln einzeln stehend an Langtrieben, gebüschelt an Kurztrieben. Fruchtzapfen hängend. Nutzholz.

4 **die Kohle,** im Bergwerk gewonnen. Zum Heizen gebraucht: in Öfen, Lokomotiven, Kraftwerken. Aus Kohle werden Benzin, Kunstgummi hergestellt.

5 **die Fichte,** großer immergrüner Nadelbaum mit geradem, bis 50 m hohem, unverzweigtem Stamm. Nadeln stehen dicht spiralig, sind vierkantig. Samen in hängenden Zapfen, die bei Reife abfallen. Nutzholz.

6 **die Birke,** sommergrüner Baum, bis zur Arktis vordringend. Blüten in Kätzchen, Fruchtkätzchen mit leichten Flugfrüchten. Weiße Rinde.

7 **das Kupfer,** rotes Schwermetall, für elektrische Leitungsdrähte, Bleche, Münzen. In Bergwerken gefördert.

8 **das Gold,** Edelmetall, wird durch Auswaschen goldhaltigen Gesteins gewonnen. Verwendung für Schmuck und Münzen.

9 **die Erdölgewinnung.** Erdöl ist ein wichtiger Rohstoff, aus dem Benzin, Leuchtöle, Treibstoff für Dieselmotoren, Heiz- und Schmieröle gewonnen werden.

10 **die Weißbuche,** bis 40 m hoch, mit säulenförmigem Stamm, hoch ansetzender Krone. Nutzholz.

11 **die Sonnenblume,** stattliche, einjährige Pflanze, bis 2,50 m hoch. Blüten bis 40 cm Durchmesser, leuchtendgelbe Blütenblätter. Die Samen liefern Öl.

12 **das Eisen,** Schwermetall, wichtig für Schwerindustrie. Erze werden in Bergwerken gefördert. Im Hochofen wird Eisen daraus gewonnen.

13 **der Walnußbaum,** bis 25 m hoch, mit breiter Krone. Gelbbraune Rinde, gefiederte Blätter. Steinfrucht (Walnuß) eßbar, auch Ölbereitung. Sehr hartes Holz.

14 **die Eiche,** mit Buche verwandt. Die Frucht (Eichel) sehr stärkehaltig, wird zur Schweinemast verwendet. Hartes, wertvolles Holz. Bäume werden sehr alt.

15 **das Blei,** weiches Schwermetall, das besonders zu Kabelmänteln, Wasserleitungsrohren, Akkumulatoren und Munition verwendet wird.

16 **das Silber,** Edelmetall, Verwendung zu Schmuck und Münzen.

17 **der Ölbaum,** immergrüner, bis 12 m hoher Fruchtbaum. Weiße Blüten, die Frucht (Olive) klein, zwetschenähnlich; Ölgewinnung.

18 **die Tabakpflanze,** Nachtschattengewächs. Blätter groß und breit. Anbau vorwiegend in warmen Ländern. Blätter werden getrocknet und bearbeitet; Tabak.

19 **die Zeder,** immergrüner Nadelbaum, bis 40 m hoch, Stamm bis 4 m dick. Nadeln ähnlich denen der Lärche. Eiförmige Fruchtzapfen stehen aufrecht. Wächst auch in höheren Gebirgslagen.

20 **die Zypresse,** immergrüner Nadelbaum. Schlanker, kegelförmiger Wuchs, bis zu 50 m hoch. Aus den Blättern Zypressenöl, Holz für Möbel.

21 **der Reis,** Getreidegras, bis 1,80 m hoch. Schmale, lange Blätter, Früchte in Rispen. Gedeiht auf schwerem, feuchtem Boden. Wichtiges Nahrungsmittel, besonders in Asien.

22 **der Tragant** (Bocksdorn), kleiner Dornenstrauch mit Fiederblättern, Blüten in Trauben. Liefert Pflanzengummi für Klebstoffe.

23 **die Dattelpalme,** etwa 20 m hoch. Braucht viel Hitze und Grundwasser. Wird 100 Jahre alt und trägt jährlich etwa 300 kg honigfarbene, zuckerreiche Früchte.

24 **der Mais,** Getreidegras, bis 2,50 m hoch. Lange, breite Blätter. Fruchtkolben mit vielen Maiskörnern. Verwendung als Viehfutter, Maismehl für menschliche Nahrung.

25 **der Feigenbaum,** hoher, kräftiger Baum mit weit ausladender Krone. Große, haarige Blätter. Zwei- bis dreimal jährlich Früchte.

26 **die Baumwollpflanze,** hoher Strauch, Früchte mit watteartigen Samenhaaren, die zu Baumwollstoffen versponnen und verwebt werden.

27 **Edelsteine,** sehr harte Mineralien verschiedener Farbe. Geschliffen als Schmucksteine.

28 **die Hirse,** Getreidegras. Kleine, fast runde Körner, Brot- und Breifrucht.

29 **das Zuckerrohr,** bis 6 m hohes Gras, Blätter ähnlich wie beim Mais. Zuckergewinnung. Das Zuckerrohrfeld sieht wie ein großes Schilfdickicht aus.

30 **das Rhododendron,** viele verschiedene Arten. Baum- oder strauchförmig, große Blüten in Doldentrauben. Oft als Zierpflanze.

31 **der indische Flachs (Corchorus),** ein Kraut oder Strauch. Die Stengel der Pflanze liefern eine wichtige Faser: die Jute. Sie wird für Säcke und Teppiche gebraucht.

32 **der Teestrauch,** etwa 1,50 m hoch, wild als hoher Baum. Braucht Wärme und Feuchtigkeit. Blüten weiß bis rosa. Junge Blätter und Blattknospen werden getrocknet für schwarzen oder grünen Tee.

33 **der Bambus,** Grasart mit hohlem, knotigem Stengel. Höhe wie unsere Laubbäume. Junge Triebe als Gemüse. Stengel für Flechtwerk.

34 **die Kokospalme,** bis 30 m hoch. Vielseitige Verwendungsmöglichkeit. Kokosnüsse frisch als Nahrung, getrocknet (Kopra) als Rohstoff für Fette, Seifen und Kerzen, Knospenspitzen als Gemüse, Blütensaft als Palmwein, Fasern der Früchte für Matten und Flechtwerk, Blätter zum Decken der Dächer, Holz als Bauholz.

35 **der Kautschukbaum,** verschiedene Arten. Hoher Baum, breite Krone. Der Baum gibt nach Anschneiden des Stammes einen milchigen Saft, aus dem Kautschuk gewonnen wird.

36 **die Erdnuß,** Hülsenfrüchtler. Früchte bohren sich in den Boden und reifen dort. Verwendung als Nahrungsmittel und Viehfutter. Aus den Früchten wird Öl gewonnen.

37 **der Schlafmohn,** milchsafthaltiges, borstiges Kraut. Blüten weiß bis violett. In Kultur einjährige Pflanze. Aus dem Samen Öl, aus dem Milchsaft Opium (Rauschgift).

38 **der Ginkgo,** nacktsamiger, bis 40 m hoher Baum. Blätter sommergrün, lang gestielt, breit, keilförmig. Früchte an langem Stiel, pflaumenähnlich, Same mit ölhaltigem, eßbarem Kern.

39 **der Maulbeerbaum,** milchsafthaltige Holzpflanze. Blüten kätzchenartig. Blätter als Nahrung für Seidenraupen. Holz als Nutzholz und zur Papierfasergewinnung.

40 **der Kampferbaum,** größerer Baum mit ledrigen Blättern, verwandt mit Lorbeerbaum. Aus dem Holz wird Kampfer gewonnen.

41 **der Teakbaum,** bis 40 m hoch, liefert das wertvolle, sehr feste Teakholz, unersetzlich im Schiffbau.

7
6
9
2
3
4
6
2
6
5
3
5
9
8
5
12
4
8
7
12
11
4
7
13
3
18
4
9
15
8
12
14
15
16
4
8
21
7
26
38
39
8
12
4
9
15
8
1
27
20
40
4
12
16
7
15
32
29
31
39
12
21
38
12
24
28
7
27
37
15
26
30
32
9
4
12
29
33
7
21
16
7
41
34
29
7
12
7
9
34
36
27
35
18
12
12
8
34
4
35
8
35
32

Heins Fahrt durch Asien

Kapitän Hansen hat Besuch. Gestern ist sein Sohn von einer langen Reise zurückgekehrt. Er ist Seemann wie sein Vater. Auf seiner letzten Reise, die nach Japan ging, wurde er krank. In Kioto mußte er mit hohem Fieber lange im Krankenhaus liegen. Als er wieder gesund war, wollte er mit einem anderen Schiff nach Deutschland zurückreisen, aber dann ist er doch lieber mit der Eisenbahn und zum Teil mit dem Flugzeug nach Hause gefahren. Jetzt muß er sich erholen.

Peter ist fast jeden Tag ein paar Stunden im Kapitänshaus und läßt sich von Hein, so heißt der Sohn des Kapitäns, von dessen Reise quer durch Asien erzählen. Eigentlich heißt er Heinrich, aber alle nennen ihn Hein, und Peter tut das natürlich auch. „Wenn ich mir das so recht überlege, dann wäre ich doch lieber mit dem Schiff gefahren", sagt Hein zu Peter, als dieser wieder einmal bei ihm sitzt, „denn eine Landreise quer durch Asien ist doch eine gewaltige Anstrengung." „Geht es denn nicht ein bißchen fixer mit der Eisenbahn?" fragt Peter. „Ja, natürlich geht es schneller", antwortet Hein, „aber auf dem Wasser fühle ich mich wohler." — „Ich glaube aber, daß die Fahrt durch Sibirien auch ganz interessant ist." Während dieses Gespräches hat der alte Kapitän das Zimmer betreten. Er sagt zu seinem Sohn: „Das denke ich auch, Hein. Sieh mal, solch eine Landreise durch Asien habe ich zum Beispiel nie gemacht. Überall habe ich mir die Leute auch im Lande angesehen, aber in China, der Mongolei und in Indien war ich nur in den Häfen, also an den Küsten." Peter meint: „Ich habe mal gelesen, daß in Asien mehr als die Hälfte der gesamten Menschheit wohnt. Hast du etwas davon merken können, Hein?" — Der junge Seemann überlegt eine Weile: „Das kann man eigentlich nicht sagen. Als ich durch Asien fuhr, habe ich davon nichts gemerkt. In Sibirien wohnen die Menschen sehr verstreut. Mal sieht man ein Dorf, dann mal eine etwas größere Stadt. Stundenlang merkt man überhaupt nicht, daß in der Nähe Menschen leben. Aber in China, Indien und Japan wohnen die Leute sehr dicht beisammen. In den Hafenstädten wimmelt es von Menschen. Auch auf der Insel Java, die tausend Kilometer lang ist, reiht sich in den Ebenen und Tälern Dorf an Dorf und Stadt an Stadt." — Der alte Kapitän unterbricht seinen Sohn: „Ich war einmal in einer Stadt in Indien in der Nähe von Bombay. Es war eine anstrengende Fahrt, zuerst mit einem Auto, dann mit einem Ochsenkarren. Den Namen der Stadt habe ich leider vergessen. Unterwegs dachte ich, ich käme in ein kleines Nest, aber als ich dann endlich dort eintraf, fand ich eine Stadt ungefähr so groß wie Hannover, in der mindestens 800 000 Menschen wohnten. Das war ein Gewimmel. Ich hatte nicht geglaubt, daß es an dieser Stelle eine Stadt von solcher Größe gibt." Peter schaut ihn mit ungläubigen Augen an und sagt vorwitzig: „Käpt'n, ich habe neulich gelesen, daß es auch Seemannsgarn geben soll." Kapitän Hansen macht ein ganz empörtes Gesicht: „Das glaubst du mir wohl nicht, was? Ich kann es dir im Augenblick nicht beweisen, du mußt schon mal selbst hinfahren. Aber es stimmt wirklich, mein Junge. Städte mit so vielen Menschen gibt es in Indien und China eine große Anzahl. Ich weiß noch, daß ich später diese Stadt auf dem Atlas suchen wollte, aber sie war nicht zu finden, sie war nicht eingezeichnet." — Peter sieht den Kapitän immer noch zweifelnd an: „Und von diesen großen Städten ist keine auf den Landkarten zu finden?

Was meinst du dazu, Hein?" Hein sagt: „Ich kann das nur bestätigen, Peter. Früher habe ich das auch nicht geglaubt, aber wir hatten häufig Inder als Matrosen an Bord. Die habe ich dann mal gefragt, und sie haben dasselbe erzählt." Jetzt muß Peter dem Kapitän wohl doch glauben. „Bei meiner Fahrt durch Asien ist mir noch aufgefallen, daß die Bewohner Sibiriens und der Mongolei teilweise sonderbare Behausungen haben", berichtet der junge Seemann. In Ostchina zum Beispiel habe ich in ländlichen Gegenden runde Hütten mit flachen Dächern gesehen. Richtige Häuser gibt es auf dem Lande kaum. Im Zuge saß ein Chinese, mit dem ich ins Gespräch kam. Er erzählte mir, daß im Norden Asiens noch viele Nomaden leben." — „Was sind denn Nomaden?" fragt Peter dazwischen. Hein erklärt es ihm: „Nomaden haben keinen festen Wohnsitz. Sie besitzen große Viehherden, mit denen sie von einem Weideplatz zum anderen ziehen." — „Was für Tiere haben sie denn?" unterbricht Peter Heins Erklärung. „Die Nomaden in Asien haben Rinder, Schafe und Pferde, im hohen Norden von Sibirien haben sie auch Rentiere", erwidert Hein. „Sie haben sich zu sogenannten Großfamilien zusammengeschlossen und leben in Zelten." Das ist für Peter etwas ganz Neues: „Nehmen sie denn die Zelte immer mit?" — „Das müssen sie wohl", meint Hein. „Beinahe wie Camping", sagt lächelnd Kapitän Hansen. „Sag mal, Hein", fragt Peter dann noch, „durch welche Städte bist du denn eigentlich gefahren?" . . . Hein erhebt sich von seinem Platz und sucht eine Weile, dann kommt er mit einem dicken Atlas zurück, schlägt eine Karte von Asien auf und beginnt zu erklären: „Also, zuerst mußte ich mit dem Flugzeug nach Wladiwostok, das ist der Endpunkt der Transsibirischen Bahn. Wladiwostok ist eine russische Stadt. Von dort fuhr ich zunächst nach Charbin. Das ist eine chinesische Stadt. Die nächste Station war dann Tschita, das ist wieder russisch." — „Da seid ihr aber oft über die Grenzen gefahren. Sahen die Menschen denn auch verschieden aus?" fragt Peter. „Wie man's nimmt", meint Hein. „Die Chinesen — sie sind ja Mongolen — haben gelbe Hautfarbe, die Russen weiße. Aber auch in Sibirien leben viele Mongolen, in den Städten allerdings größtenteils Russen." Hein zeigt dann auf der Landkarte die Bahnlinie und sagt: „Hinter Tschita haben wir die Sowjetunion dann nicht mehr verlassen. Stundenlang, tagelang ging es durch dünnbesiedelte Gebiete. Nur ganz vereinzelt findet man dort Siedlungen oder Dörfer. Vor allen Dingen ist das in den gebirgigen Gegenden der Fall. Aber mitunter kamen wir doch auch durch ein paar Großstädte mit Fabriken und Bergwerken: Irkutsk, Krasnojarsk, Nowossibirsk, Magnitogorsk." — „Danach müßt ihr durch das Uralgebirge gefahren sein. Da ist doch die Grenze zwischen Asien und Europa", sagt Peter. „Ja, aber das ist keine richtige Grenze, denn das Land zu beiden Seiten gehört zur Sowjetunion", erklärt Hein. „Das Uralgebirge gilt als Grenze zwischen den beiden Erdteilen. Mit der Transsibirischen Bahn fuhr ich bis nach Moskau. Dort sah ich noch einige Menschen mit gelber Hautfarbe und Schlitzaugen. Aber die waren aus Asien in ihre Hauptstadt gekommen. — Von Moskau konnte ich mit dem Flugzeug weiterfliegen." Peter sagt: „Vielen Dank, Hein, du hast aber viel gesehen. Morgen erzählst du mir wieder was, ja? Ich muß nun gehen. Tschüs, Käpt'n, tschüs, Hein!"

1 **Die Samojeden** leben in Stangenzelten, die aus Rentierfellen bestehen, im ganzen kalten Norden Sibiriens. Aus Fellen ist auch die Kleidung gefertigt. Sie sind Jäger, Fischer, Fallensteller; Rentierzüchter.

2 **die Rentiere,** kälteliebende Hirsche mit mächtigem Geweih. Haustiere. Wegen der weit auseinanderliegenden, spärlichen Nahrungsplätze der Rentiere sind ihre Züchter zum Nomadendasein gezwungen. Zugtiere, liefern Felle, Fleisch, Milch.

3 **die Tschuktschen,** nomadische Robben- und Walroßjäger im Nordosten Sibiriens. Ein altsibirisches Naturvolk, Rentierzüchter, Fellkleidung.

4 **der Türke.** In den Städten europäisch gekleidet, in Dörfern aber oft noch in türkischer Tracht. Frauen mit Pluderhosen und Gesichtsschleier.

5 **der Tscherkesse** gehört zu einem Volksstamm aus dem Kaukasus. Im Gebirge Berghirt und Viehzüchter, in der Ebene Landarbeiter. Reitkünstler.

6 **die Jurte,** Wohnzelt oder Wohnhütte vieler Naturvölker. Auch im europäischen Teil der Sowjetunion leben noch kleine Gruppen asiatischer Naturvölker.

7 **die Bauernhütte,** aus Stein oder Lehm im Uralgebiet.

8 **der russische Bauer,** ein zäher Arbeiter, schon zur Zarenzeit als Kolonisator nach Nordasien vorgedrungen.

9 **die Jakutin** trägt in Gefäßen aus Birkenrinde Wasser. Die Jakuten sind Rentierzüchter und Ackerbauern in Sibirien. Geschickte Eisen- und Silberschmiede, Kaufleute. Leben in Stangenzelten oder Blockhütten.

10 **das Tungusenzelt,** mit Fellen oder Birkenrindendekken belegt. Die Tungusen leben in Mittelsibirien.

11 **der tungusische Schamane,** Zauberarzt mit langem Schurz, Fransenschmuck vor dem Gesicht. Klingende Gehänge, dazu Tamburin oder Handpauke. Bei allen sibirischen Naturvölkern ist der Zauberarzt Geisterbeschwörer und wichtiger Helfer bei Krankheiten.

12 **der Israeli,** Bürger des modernen jüdischen Staates in Palästina (Vorderasien).

13 **der Kurde,** ein nomadischer Viehzüchter, auf dem Esel, der im ganzen Orient als Haustier wichtig ist. Als Ackerbauer lebt der Kurde auch in flachen Steinhütten. Vorderasien.

14 **das Lamm,** Schafzucht wegen des Fells (Pelz) in vielen Teilen Asiens.

15 **die Kalmückin** in wertvollem, mit Metallstickerei besetztem Gewand, beim Spiel auf der Balalaika, einem gitarreartigen russischen Holzinstrument mit drei Saiten, die angerissen werden.

1
2
3
7
8
9
10
11
14
15
16
17
18
21
22
23
24
25
26
27
29
30
31
32
33
34
35
36
37

16 **das Trampeltier,** zweihöckriges Kamel, schwere und plumpe Gestalt, am Hals und Bauch starke Behaarung, dunkelbraun. Dient als Last- und Reittier beim Warenhandel. Genügsam, ausdauernd. Haustier in ganz Zentralasien.

17 **der mongolische Schaf- und Kamelzüchter,** in Zentralasien. Lebt einfach und ist ständig bei seinen Tieren auf den Winter- und Sommerweideplätzen.

18 **die Goldenfrau.** Die Golden sind ein Volk von seßhaften Fischern und Jägern am unteren Amurfluß. Das Festtagskleid aus Baumwolle mit Seiden- und Haarstickerei, die Schuhe aus Fischleder.

19 **der Beduine,** Wüstenbewohner, Kamelzüchter, Ziegenhirt, Nomade. Auch seßhafte Bauern in dem durch Erdölvorkommen reichen Königreich Saudiarabien. Kleidung meist weißer Umhang mit Kapuze (Burnus).

20 **der Afghane,** Bewohner der afghanischen Hochebene. Die Afghanen sind Viehzüchter, zum Teil Nomaden. Gute Jäger, bewohnen einstöckige, mit Lehmziegeln bedeckte Häuser.

21 **das Reitkamel,** einhöckrig. In Wüstengegenden einziges Verkehrsmittel. Beharrlich, genügsam.

22 **der tibetanische Lama,** Geistlicher des Lamaismus, einer Abart des Buddhismus. Er dreht die Gebetsmühle, auf deren Trommel lange Streifen mit religiösen Formeln stehen.

23 **der Jak,** nur im Hochgebirge (Tibet) lebende Rinderart. Last-, Reit- und Haustier. Lange Haare an Flanken und Bauch, große spitze Hörner, liefert Fleisch und Wolle.

24 **das Schaf,** von Mongolen neben Rind und Kamel gezüchtet.

25 **der Mongole,** mit Pferd vor einer Jurte, dem kreisrunden Wohnzelt vieler Nomaden. Ein großes Gitter, aus Holzstangen gefertigt, ist mit Filzdecken überzogen. Das Innere ist mit Grasmatten oder Teppichen verkleidet.

26 **der Koreaner,** in typischer weißer Kleidung. Die meisten Koreaner sind Bauern.

27 **die Japanerin,** mit Fächer im Kimono, dem weitärmeligen Gewand in gedämpften Farben, das mit einem langen Gürtel zusammengehalten wird. Bunte und helle Kimonos tragen nur Kinder und Geishas (Tanzmädchen).

28 **das Araberpferd,** seit Jahrtausenden berühmtes, hochgezüchtetes und edles Pferd.

29 **der Fakir,** mit Flöte und tanzender Schlange. Fakire sind in Indien umherziehende Bettler, Vagabunden, die sich auf Kosten des Aberglaubens der Menschen durchschlagen. Manchmal auch fromme Büßer, die sich zwingen, Schmerzen zu ertragen (legen sich z. B. auf ein Nagelbrett).

30 **der tibetanische Musikant,** Mönch mit großer Tempelposaune, deren Klang das Brüllen der Elefanten wiedergeben soll.

31 **der Maskentänzer,** bei einem Tempelspiel im Kloster. Darstellung böser Geister.

32 **der chinesische Bauer,** beim Hacken eines Reisfeldes.

33 **die Dschunke,** im ostasiatischen Küstenverkehr noch immer gebräuchliches Segelschiff, oft mit Deckaufbauten.

34 **die Inderin,** mit Kind. Sie trägt den Sari, die übliche indische Frauenkleidung, Wickelgewand.

35 **der indische Elefant,** etwa 3 m hoch, 4 m lang, kleinere Stoßzähne und Ohren als der afrikanische Elefant. Am Rüssel fingerähnlicher Fortsatz, ermöglicht Greifbewegungen. Wird als Arbeitstier verwendet.

36 **die Birmanin,** in Straßenkleidung mit Sandalen, langem, weitem Rock und Sonnenschirm.

37 **die siamesische Tänzerin** tanzt in thailändischen Tempeln. Thailand hieß früher Siam.

1 **Die Grenze,** trennt die einzelnen Staaten voneinander. An den Grenzen entlang stehen Grenzsteine oder Grenzpfähle.

2 **die Eisenbahn,** durchquert den Erdteil und führt von den Hafenstädten ins Landesinnere; weite Gebiete sind noch ohne Eisenbahn.

3 **das Handelsschiff,** übernimmt den Fracht- und Personenverkehr zwischen den Hafenstädten und nach anderen Erdteilen.

4 **das Flugzeug,** für weite Entfernungen wichtiges Verkehrsmittel in dem riesigen Erdteil.

5 **die Autostraße,** für viele Gebiete oft die einzige Verbindung zur Küste oder nächsten Bahnlinie.

6 **Leningrad,** wichtige Hafen- und Industriestadt, Winterpalais (ehemaliges Zarenschloß), Flughafen.

7 **Moskau,** Hauptstadt der Sowjetunion, mit Kreml, früherem Zarenschloß, bedeutende Flughäfen.

8 **das Donezbecken,** bedeutendes Industriegebiet mit Kohlenbergbau und Hüttenwerken.

9 **das Schwarze Meer.** Nebenmeer des Mittelmeeres.

10 **Rostow,** Industrie- und Hafenstadt am Unterlauf des Don, Handelsplatz, Verkehrsknotenpunkt.

11 **die Wolga,** großer Strom Im europäischen Teil der Sowjetunion, mündet in den Kaspisee, wichtige Wasserstraße, große Stauseen und Kraftwerke.

12 **Kujbyschew**, Industriestadt an der Wolga, wichtiger Handelsplatz und Verkehrsknotenpunkt, 600 km langer Stausee mit großem Kraftwerk.

13 **Astrachan,** Hafenstadt an der unteren Wolga.

14 **der Kaspisee,** der größte Binnensee der Erde.

15 **die Grenze zwischen Asien und Europa,** verläuft von Norden nach Süden am Uralgebirge, weiter bis zum Kaspisee, dann nördlich vom Kaukasus zwischen Kaspisee und Schwarzem Meer.

16 **Swerdlowsk,** bedeutende Industriestadt und Mittelpunkt des Industriegebietes am Ural.

17 **der Ob,** großer, 3700 km langer Strom in Sibirien, schiffbar, sechs Monate im Jahr zugefroren. Größter Nebenfluß: der Irtysch.

18 **der Jenissei,** wasserreichster sibirischer Strom, 4092 km lang, über 3000 km schiffbar, 9 Monate eisbedeckt.

19 **der Holztransport.** Raupenschlepper bringen die in den Wäldern gefällten Bäume zur Sammelstelle.

20 **die Lena,** großer Strom in Ostsibirien, 4400 km lang, über 4000 km schiffbar, 7 Monate eisbedeckt.

21 **Jakutsk,** Stadt an der Lena, Pelzhandel, Flughafen.

22 **der Lastkraftwagen,** wichtigstes Verkehrsmittel in den Gebieten ohne Eisenbahnverbindung.

23 **Magnitogorsk,** Industriestadt mit großen Eisen- und Stahlwerken.

24 **Nowossibirsk,** größte Stadt in Sibirien, wichtiger Bahnknotenpunkt; Maschinenindustrie.

25 **Krasnojarsk,** Stadt an der Transsibirischen Eisenbahn, Leder- und Holzindustrie.

26 **das Industriegebiet von Karaganda,** Kohlenbergbau, Hüttenindustrie und Maschinenbau.

27 **das Kusnezker Becken,** bedeutendes Industriegebiet mit Kohlenbergbau, Eisen- und Stahlindustrie.

28 **der Baikalsee,** fischreicher See in Sibirien, tiefster See der Erde (1940 m), im Winter zugefroren.

29 **der Amur,** 4354 km langer Strom im östlichen Asien.

30 **der Aralsee,** großer See in Mittelasien, ohne Abfluß.

31 **der Amu-Darja,** 2620 km langer Fluß, der von den mittelasiatischen Gebirgen nordwärts durch die Wüste strömt, mündet in den Aralsee.

32 **Balchasch,** Industriestadt am Balchaschsee, Kupferbergbau und große Kupferhütte.

33 **Bagdad**, Hauptstadt des Irak, wichtiger Handelsplatz und Verkehrsknotenpunkt.

34 **die Erdölraffinerie,** Erdöl verarbeitende Anlage. Am Persischen Golf reiche Erdölvorkommen.

35 **Teheran,** Hauptstadt des Iran, Kaiserpalast.

36 **Mekka,** Stadt in Arabien mit der Kaaba, dem größten Heiligtum der Mohammedaner.

37 **Sana,** Hauptstadt von Jemen, einem Land auf der arabischen Halbinsel.

38 **das Auto,** das modernste Verkehrsmittel in den Wüstengebieten der arabischen Halbinsel.

39 **das Rote Meer,** langgestrecktes, schmales Nebenmeer des Indischen Ozeans, durch den Sueskanal mit dem Mittelländischen Meer verbunden, trennt Asien von Afrika.

40 **der Persische Golf,** ein flaches Nebenmeer des Indischen Ozeans.

41 **die Kamelkarawane,** eine Reisegesellschaft mit oft 400 bis 500 Reit- und Lastkamelen, die sich aus Sicherheitsgründen zusammengeschlossen hat und unter ortskundigen Führern die Wüste durchquert.

42 **Peking,** Hauptstadt von China mit dem früheren Kaiserpalast und dem Himmelstempel. Industrie- und Handelsplatz, Verkehrsknotenpunkt.

43 **Tokio,** Hauptstadt von Japan, mit ca. 12 Mill. Einwohnern die größte Stadt Asiens. Stahl-, Maschinen-, Schiffsbauindustrie; buddhistische Tempel.

44 **das Tor,** in Japan übliche Torform aus großen Balken, oft kunstvoll verziert.

45 **die Chinesische Mauer,** das längste Bauwerk der Welt, etwa 2500 km lang. Der Bau wurde vor über 2000 Jahren begonnen. Diente der Verteidigung.

46 **der Hwangho,** großer nordchinesischer Strom, 4150 km lang, nur auf Teilstrecken schiffbar; Kraftwerke in Bau.

47 **Lhasa,** Hauptstadt von Tibet (Mittelasien) mit dem Palast des obersten Priesters (Dalai Lama).

48 **der chinesische Reisbauer** bei der Feldbestellung; den Pflug ziehen zwei Wasserbüffel.

49 **Wuhan**, bedeutende Großstadt am Jangtsekiang, durch den Zusammenschluß von drei großen Städten entstanden; Eisen- und Stahlindustrie.

50 **Dschunke,** ein chinesisches Segelschiff.
51 **der Indus,** 3190 km langer Strom in Südasien.
52 **das Großtankschiff,** ein Transportschiff für Erdöl.
53 **Delhi,** Hauptstadt der Indischen Union, berühmt der Mogulpalast und die Große Moschee, Handelsplatz.
54 **der Ochsenkarren,** auf den indischen Landstraßen vorherrschendes Verkehrs- und Transportmittel.
55 **Jamshedpur,** bedeutende indische Industriestadt, Eisen-, Stahl- und Maschinenindustrie.
56 **der Ganges,** 2700 km langer Fluß in Südasien, zum Teil schiffbar.
57 **der Brahmaputra,** großer, 2900 km langer, asiatischer Strom, mündet gemeinsam mit dem Ganges in den Indischen Ozean.
58 **Madras,** Stadt und großer Hafen an der Ostküste der Indischen Union.
59 **Rangun,** Haupstadt und Haupthafen von Birma. Die Schwe-Dagon-Pagode ist 170 m hoch.
60 **der Jangtsekiang,** mit 5300 km Länge bedeutendster Strom Asiens, 2700 km schiffbar.
61 **Hongkong,** britische Handels- und Hafenstadt an der südchinesischen Küste, Flottenstützpunkt.

A = Sowjetunion (mit dem europäischen Teil)
B = Türkei
C = Vereinigte Arabische Republik
CH = Zypern
D = Libanon
E = Israel
F = Jordanien
G = Saudi-Arabien
GG = Jemen
H = Demokratische Volksrepublik Jemen
I = Maskat und Oman
J = Befriedetes Oman
K = Irak
KA = Katar
KU = Kuwait
L = Iran (Persien)
M = Afghanistan
N = Pakistan (West- und Ostpakistan)
O = Kaschmir
P = Volksrepublik China
Q = Mongolei
R = Nordkorea
RS = Südkorea
S = Japan
SCH = Indische Union
SI = Sikkim
SP = Ceylon
ST = Nepal
SR = Bhutan
T = Birma
U = Thailand
V = Laos
W = Südvietnam
WN = Nordvietnam
X = Kambodscha
Y = Philippinen
Z = Indonesien

ÖRDLICHES
EISMEER
Murmansk
ngrad
SIBIRIEN
GOBI
Werchojansk
Oimjakon
Turuchansk
Jakutsk
Swerdlowsk
Sowjetskaja Gawan
Nowossibirsk
Krasnojarsk
Magnitogorsk
Tschita
Chabarowsk
Irkutsk
Charbin
Wladiwostok
Ulan-Bator
Balchasch
Tokio
Alma-Ata
Söul
Peking
Kabul
Nagasaki
Lantschou
Schanghai
Wuhan
Tschungking
Lhasa
Delhi
Jamshedpur
Hongkong
Bombay
Kalkutta
Hanoi
Hyderabad
Rangun
Manila
(Quezon City)
Bangkok
Saigon
Madras
Colombo
STILLER
OZEAN
A
Q
P
R
RS
S
O
N
ST
SR
SI
T
V
U
X
W
WN
PN
SCH
SP
ZZ
Z
1
2
3
4
5
15
16
17
18
19
20
21
22
23
24
25
26
27
28
29
30
31
32
41
42
43
44
45
46
47
48
49
50
51
53
54
55
56
57
58
59
60
61

„Peter", sagt Monika zu ihrem Bruder, „ich glaube, du kennst mich gar nicht mehr!" — Der Junge macht ein ganz erstauntes Gesicht. „Wieso denn, Monika?" — „Na", meint Monika, und es hört sich beinahe an, als wollte sie schimpfen, „seit der Hein hier ist und von seinen Mongolen, Sibiriern und Russen erzählt, kümmerst du dich gar nicht mehr um mich. Ich denke immer, du wirst mir auch mal etwas davon erzählen, aber du rennst immer weg oder liest in irgendeiner Schwarte." Peter denkt eine Weile nach, dann sagt er ein bißchen kleinlaut: „Eigentlich hast du ja recht, Monika, ich habe dich fast vergessen. Komm, wir schauen uns mal was an, ja?" Peter geht an seinen Bücherschrank, und Monika macht zuerst ein erfreutes, dann ein gespanntes Gesicht. Der Junge kommt mit einem dicken Lexikon und einem Atlas zurück. „Also", sagt er dann, „Hein hat mir erzählt, daß er mit der Transsibirischen Eisenbahn quer durch Asien gefahren sei, er hat mir aber nicht gesagt, wieviel Kilometer das sind." — „Das kann ich dir genau sagen", unterbricht ihn Monika, „von Wladiwostok bis Moskau sind es 9330 km." Monika strahlt. Peter ist erstaunt: „Woher weißt du das? Ich habe es nirgends finden können. Jetzt wollte ich es gerade ausmessen." — „In Papis kleinem Lexikon steht's!" antwortet Monika stolz. Peter denkt nach. „Weißt du", sagt er dann, „es muß aber noch andere Möglichkeiten geben, um von Japan nach Europa zu reisen." Er schlägt seinen Atlas auf, blättert eine Weile, und da hat er schon die richtige Karte gefunden: „Hier ist eine Verkehrskarte von Asien." Monika ruft: „Da ist ja auch die Transsibirische Bahn." Mit ihrem Finger fährt sie über die Karte von Wladiwostok bis Moskau. Peter meint: „Man kann aber auch von Peking aus mit der Eisenbahn nach Moskau fahren." Monika ist nicht ganz einverstanden: „Dann mußt du aber auch mit der Transsibirischen Bahn fahren, und zwar trifft man sie bei Irkutsk. Aber sieh mal hier, von Schanghai aus", und ihr Finger ist auf der Karte ein Stück nach Süden gerutscht, „geht eine zweite Bahnlinie nach Moskau." Monika macht ein ganz stolzes Gesicht. — „Du, sag mal, Peter, ob das in ganz Asien die einzigen Eisenbahnlinien sind?" Der wehrt ab: „Wo denkst du hin. Das sind nur die wichtigsten und größten. Alle größeren Städte Asiens sind durch Eisenbahnen miteinander verbunden. Im östlichen Asien allerdings ist ein geregelter Eisenbahnverkehr nicht möglich, habe ich mal gelesen, weil das Eisenbahnnetz dort nicht sehr gut ausgebaut ist." Vater Meyer tritt ins Zimmer: „Na, Kinder, was macht ihr denn da?" „Wir wollen dich etwas fragen, Papi!" sagt Monika schnell. „Ja, bitte!" Der Vater scheint nicht gerade erfreut zu sein, er würde wohl lieber die Zeitung lesen. „Wie wird in Asien der Verkehr geregelt?" Herr Meyer lacht: „Das ist aber wirklich eine verzwickte Frage. Erstens weiß ich nicht, ob es in Asien Verkehrsregeln gibt, und zweitens ist Asien so groß, daß das mit dem Verkehr sicher überall verschieden ist." Peter sagt: „Das war wirklich eine dumme Frage von mir. Ich meine gar nicht die Verkehrsregeln in den großen Städten. Ich möchte gern wissen, ob es viele Eisenbahnen gibt, ob dort auch Flugzeugverbindungen bestehen, ob noch die ganz alten Ochsenkarren als Beförderungsmittel benutzt werden und ob es Autostraßen gibt." Vaters Augen werden bei Peters Redestrom immer größer. „So viele Fragen kann ich dir gar nicht auf einmal beantworten. Am besten erzähle ich euch, was ich erlebt habe, als ich vor mehreren Jahren aus Peking zwei Kamele und eine Zibetkatze holen mußte." „Wieso, gibt es denn dort auch Kamele?" fragt Monika ganz erstaunt. „Ja, natürlich gibt es dort Kamele, und zwar mit vier Beinen, mein liebes Töchterchen", antwortet der Vater. Peter kann sich ein leichtes Grinsen nicht verkneifen: „Weißt du denn nicht, daß in Ostasien eine der größten Wüsten der Erde liegt?" Monika schlägt sich mit der Hand an die Stirn: „Natürlich, die Wüste Gobi, und da führt sogar eine Eisenbahn hindurch, das haben wir vorhin auf der Karte gesehen." „Glaubst du mir nun", sagt Herr Meyer, „daß wir dort Kamele holen sollten? Wir fuhren also von Europa aus durch die Balkanhalbinsel zuerst in die Türkei." — „Die Türkei gehört schon zu Asien", wirft Peter ein. „Richtig!" lobt ihn der Vater und erzählt weiter: „Die Reise durch die Türkei war sehr umständlich. Wir fuhren mit einem Auto, und die Straßen waren damals nicht gerade gut. Dann ging es weiter durch den Irak bis nach Basra. Dort bekamen wir ein Schiff, das uns bis Bombay brachte. An den Küsten Asiens wird der größte Teil der Güter- und Personentransporte mit Schiffen durchgeführt. Heutzutage fahren im Binnenland, zum Beispiel in Indien und vor allem auch in China, viele Autos. Die Ochsenkarren, die du vorhin erwähntest, Peter, werden nur noch auf kleineren Strecken verwendet. Bei der Größe eines Landes wie Indien zum Beispiel ist eine Entfernung von 200 km noch eine kleinere Strecke." Peter staunt: „200 km eine kleine Strecke? Von Frankfurt am Main bis Kassel sind es genau 200 km." — „Und die fahre mal mit dem Ochsenkarren", ruft Monika aus, „das dauert doch sicher ein paar Tage." — „Ja, das stimmt", erzählt der Vater, „aber dort gibt es ja auch Autos und Omnibusse. Mit solch einem Überlandbus müßtet ihr einmal fahren! Die Frauen sind in farbenprächtige Saris gehüllt." „In was?" fragt Monika. „In Saris", antwortet der Vater, „das sind lange Tücher, oft aus Seide, die kunstvoll um den Körper und um den Kopf geschlungen werden. An den Füßen tragen die Frauen Sandalen. Die Riemen enden zwischen dem großen Zeh und dem nächsten Zeh." Der Vater sieht Monika einen Augenblick an: „Als ich das damals sah, fand ich das sehr komisch, aber ich glaube, jetzt gibt es diese Sandalen auch hier." „Ich habe doch auch solche, Papi", ruft Monika vergnügt. „Dann habe ich sie also bei dir gesehen! Aber nun wieder zu meiner Reise. Wenn wir sie heute machen müßten, würden wir natürlich fliegen, aber damals war das Flugnetz noch nicht so gut ausgebaut. Von Bombay aus fuhren wir mit dem Schiff bis Schanghai und das letzte Stück der Reise bis Peking wieder mit der Bahn." Monika macht ein ganz neugieriges Gesicht: „Sag mal, Papi, gibt es denn in der Wüste Gobi auch richtige Kamelkarawanen?" — „Sieh mal, Peter", neckt der Vater, „sie kann sich immer noch nicht von den Kamelen trennen. Aber Monika, nun mach doch nicht gleich ein beleidigtes Gesicht! — Natürlich gibt es in den asiatischen Wüsten Kamelkarawanen. Kamele gehören dort zu den wichtigsten Verkehrsmitteln. Aber auch Maultiere und Pferde werden in den Wüsten und Hochgebirgen viel benutzt." Der Vater greift nach seiner Zeitung, und die Kinder merken, daß er endlich in Ruhe lesen will. Sie beugen sich über ihre Asienkarte und sprechen etwas leiser.

Vater Meyer muß verreisen

Eines Abends sitzen Herr Meyer, Peter und Monika im Wohnzimmer. Die Mutter bringt das Baby ins Bett. Peter und seine Schwester lesen Bücher, der Vater liest die Zeitung. Das tut er meistens um diese Zeit, und oft schläft er darüber ein. Auch jetzt ist er gerade am Einschlafen. Da klingelt das Telefon. Vater Meyer fährt erschrocken aus seinem Sessel hoch: „Was ist denn los?" — „Telefon, Vater!" sagt Peter. Der Vater geht zum Apparat, nimmt den Hörer ab und murmelt: „Meyer!" Die Kinder lassen sich nicht stören. Es kommt häufig vor, daß der Vater abends angerufen wird. Meistens ist dann irgend etwas mit den Tieren im Zoo los. Manchmal muß er auch noch nachts in den Tierpark. Heute scheint es aber etwas anderes zu sein, denn Vater telefoniert ziemlich lange. Peter wird aufmerksam, aber da ist das Gespräch zu Ende. Herr Meyer setzt sich wieder in seinen Sessel und versinkt in Nachdenken. Die Zeitung interessiert ihn gar nicht mehr. „Was ist denn, Papi?" fragt Monika. Auch Peter ist neugierig. Da kommt die Mutter ins Zimmer und fragt: „Mußt du wieder fort?" — „Nein, Mutter, heute abend nicht mehr, aber nächste Woche." Alle sehen ihn verständnislos an. „Ja, ich muß nächste Woche nach Ostafrika reisen." Zuerst sind alle still und erstaunt, dann aber fragen alle gleichzeitig. Jeder will genau wissen, was los ist. Da berichtet Vater Meyer: „Ihr gebt ja doch keine Ruhe. Also, Direktor Hermann hat mich beauftragt, nächste Woche nach Nairobi zu fahren. Ich soll von dort zwei junge Elefanten holen. Hinfahrt mit dem Flugzeug, Rückfahrt mit dem Schiff. Ich soll die Flug- und Schiffsverbindungen im Laufe der Woche feststellen." Peter ist aufgeregt. „Papi", sagt er, „kann ich nicht mitkommen, ich bekomme in ein paar Tagen Ferien und möchte so gern mit dir verreisen." Aber der Vater sagt: „Nein, Peter, du kannst mir zwar beim Packen helfen, kannst dir auch überlegen, wie ich hin- und zurückkomme, aber mitnehmen kann ich dich nicht." Peter ist enttäuscht. Da sagt die Mutter: „Alle Kinder müssen jetzt ins Bett!" — Am nächsten Tag kommt Herr Meyer viel früher nach Hause als sonst. Er will noch verschiedenes für seine große Reise vorbereiten. Peter hat sich gleich nach der Schule einen Atlas genommen, um sich die Reiseroute des Vaters anzusehen. Er hat Nairobi sofort gefunden. Nun steht der kleine Junge vor der großen Frage, wie man am besten von Deutschland aus nach Nairobi fährt. Der Vater beugt sich mit über den Atlas. Peter sagt: „Du könntest mit dem Flugzeug bis nach Nairobi reisen. Dort ist nämlich ein großer Flughafen." Herr Meyer meint: „Nur immer mit der Ruhe. Morgen vormittag gehen wir beide in ein Reisebüro, dort werden wir alles ganz genau erfahren." Peter gibt aber keine Ruhe. Er holt sich ein Lexikon, schlägt das Stichwort Afrika auf und sucht sich heraus, was dort über den Verkehr steht. Er liest: „In Afrika werden außer den ältesten Verkehrsmitteln (Ochsenkarren in Süd- und Südwestafrika, Kamelkarawanen in den Wüsten) auch die modernsten verwendet. Ein Eisenbahnnetz, das durch den ganzen Kontinent führt, gibt es nicht, obwohl in Afrika viele Eisenbahnen fahren. Die meisten Bahnen führen von der Küste aus ins Landinnere (von Kapstadt aus nordwärts bis ins Kongogebiet, von Port Said über Kairo den Nil aufwärts bis Assuan, von Dakar aus ostwärts bis an den Niger). Das Auto und der Autobus setzen sich immer mehr durch. Es gibt in Afrika sogenannte Autopisten. Sie verbinden die größeren Küstenstädte miteinander und führen von Norden nach Süden und von Osten nach Westen quer durch den Kontinent." Peter weiß nicht, was Kontinent ist. Schnell sieht er im Schülerlexikon nach. Dort steht: „Die Festlandmassen, die vom Meer umgeben sind. Auf der Erde gibt es sechs Kontinente: 1. Asien, 2. Amerika, 3. Afrika, 4. Antarktika, 5. Europa, 6. Australien (nach der Größe der Kontinente geordnet)." Also, denkt Peter, ist ein Kontinent dasselbe wie ein Erdteil, und Afrika ist der drittgrößte Erdteil. Dann liest er unter „Afrika" weiter: „Für eilige Reisende wird das Flugzeug auch in Afrika immer mehr das wichtigste Verkehrsmittel. Bekannte Flughäfen mit regelmäßigem Flugverkehr sind: Kapstadt, Nairobi, Kairo, Algier, Casablanca, Johannesburg, Dakar, Tunis, Addis Abeba, Khartum.

Das wichtigste Verkehrsmittel für Afrikas Personenverkehr ist das Schiff. Einige Flüsse sind bis weit hinauf schiffbar (Nil), alle Küstenstädte haben gut ausgebaute Häfen. Im Jahre 1859 begann man, zwischen dem Mittelmeer und dem Roten Meer eine Verbindung herzustellen. 10 Jahre wurde am Suezkanal gebaut. Dieser Kanal erspart vielen Schiffen den Weg um den großen Kontinent." „Na", denkt Peter, „ist ja ganz interessant, aber deshalb weiß ich immer noch nicht, wie Vater zurückkommen soll." So geht er also zum Vater und fragt ihn. „Ich könnte ja schließlich mit dem Flugzeug zurückkommen", antwortet der, „aber da machen die Elefanten nicht mit, und nur ihretwegen fahre ich ja hin." Da lacht Peter plötzlich laut auf. „Warum lachst du denn?" fragt der Vater. Der Junge antwortet: „Ich habe mir vorgestellt, wie die Elefanten im Flugzeug fliegen und unterwegs in die Tüten spucken." Da muß auch der Vater lachen. Dann wird er wieder ernst: „Na, paß auf! Ich soll die kleinen Jumbos in Nairobi übernehmen. Gefangen sind sie schon. Dort werden sie in die Eisenbahn verladen, die nach Mombasa fährt. Man braucht dazu 15 Stunden. In Mombasa liegt ein italienisches Schiff, das bringt die Tiere bis Port Said, und zwar fahren wir durch das Rote Meer und den Sueskanal. Von Port Said fahre ich nach Kairo, ich habe dort noch etwas zu erledigen. Die Elefanten werden in Port Said inzwischen auf ein deutsches Schiff verladen. Vielleicht reicht die Zeit sogar zu einem Besuch der Pyramiden. Ich war nun schon 12mal in Afrika, habe aber noch nie die Pyramiden gesehen. Du weißt, daß das Königsgräber sind, die zum Teil schon 4000 und 5000 Jahre alt sind?" — „Natürlich weiß ich das, Vater!" Es klingt beinahe ein wenig vorwurfsvoll. Der Vater erklärt weiter: „Die größte ist die Cheopspyramide, sie ist 137 m hoch." Peter wird ungeduldig. „Aber wie geht die Fahrt dann weiter?" „Nun", sagt der Vater, „ich fahre wieder zurück nach Port Said und dann mit dem Schiff durch das Mittelländische Meer, die Straße von Gibraltar, an der portugiesischen und französischen Küste entlang ..." — Peter unterbricht: „Und durch den Ärmelkanal nach Hamburg, nicht wahr?" „Jawohl, mein Sohn, und jetzt habe ich noch eine ganz besondere Überraschung für dich!" sagt Vater Meyer. Peter ist gespannt. Herr Meyer sagt: „Ich habe mit unserem Direktor gesprochen. Er hat nichts dagegen, daß ich dich mitnehme. Die Ferien reichen gerade aus, du hast ganz gewaltiges Glück, mein Sohn!"

Könnt ihr euch Peters Freude vorstellen?

1 **Die Grenze,** trennt die einzelnen Staaten voneinander. An den Grenzen entlang stehen meistens Grenzsteine.
2 **die Autostraße,** wichtigster Verkehrsweg im Landesinnern, oft nicht ausgebaut, in den Wüstengebieten nur eine Fahrspur (Autopiste).
3 **die Eisenbahn,** führt von den Hafenstädten in das Landesinnere, weite Gebiete sind ohne Bahnen; noch keine durchgehende Nordsüdverbindung.
4 **Casablanca,** wichtiger Hafen und Handelsplatz. Flughafen, moderne Hochhäuser.
5 **Algier,** Hauptstadt von Algerien, Flughafen.
6 **Tunis,** Hauptstadt von Tunesien, wichtigster Hafen des Landes.
7 **Kairo**, Hauptstadt von Ägypten, einem Landesteil der Vereinigten Arabischen Republik, großer Handelsplatz, Flughafen; größte Stadt Afrikas.
8 **die Pyramiden,** Grabbauten der altägyptischen Könige, die höchste 137 m.
9 **der Nil,** längster Strom der Erde, 6671 km lang, durchbricht in großen Stromschnellen die Wüste und fließt in 20 km breitem, fruchtbarem Tal durch Ägypten.
10 **Dakar,** Hauptstadt von Senegal, Flughafen auf der Strecke Europa-Südamerika.
11 **das Flugzeug,** als modernstes und schnellstes Verkehrsmittel in dem riesigen Erdteil von besonderer Bedeutung. Auf vielen Farmen und Plantagen gibt es kleinere Sportflugzeuge.
12 **der Wüstenbus,** modern ausgestatteter Autobus für den Verkehr auf den Wüstenpisten.
13 **Timbuktu,** Handelsstadt am Rande der Sahara.
14 **der Niger,** größter Strom in Westafrika, 4160 km lang.
15 **der Tschadsee,** sehr flacher See mit vielen Inseln und sumpfigem Ufergelände. Ohne Abfluß.
16 **die Kamelkarawane,** eine Reisegesellschaft mit oft 400 bis 500 Reit- und Lastkamelen.
17 **der Assuanstaudamm,** Nilstaudamm bei Assuan, 51 m hoch. Südlich davon der Assuanhochdamm (110 m hoch, 5 km lang) in Bau, der das Nilhochwasser zu einem 400 km langen See aufstauen wird.
18 **Khartum,** Hauptstadt des Sudans, Flughafen.
19 **Port Sudan,** wichtigste Hafenstadt des Sudans.
20 **die Dau,** Segelschiff mit dreieckigem Segel.
21 **Addis Abeba,** Hauptstadt von Äthiopien, Palast des Kaisers.
22 **der Tanasee.** Abfluß durch den Blauen Nil.
23 **das Handelsschiff,** übernimmt den Fracht- und Personenverkehr zwischen den Hafenstädten und nach anderen Erdteilen.
24 **Kinshasa,** Hauptstadt der Republik Kongo.
25 **der Kongo,** zweitlängster und wasserreichster Strom Afrikas, 4377 km lang, zahlreiche Stromschnellen; Schiffahrt nur auf Teilstrecken möglich.
26 **der Viktoriasee.** Abfluß durch den Viktorianil.
27 **der Tanganjikasee,** 650 km langer See, von steil aufragenden Bergketten umgeben.
28 **der Njassasee,** langgestreckter See zwischen steilen Berghängen in Ostafrika.
29 **Lubumbashi,** moderne Stadt inmitten eines Bergbaugebietes; Eisenbahn zur West- und Ostküste.
30 **der Sambesi,** größter Strom Südafrikas, 2660 km lang, mit zahlreichen Stromschnellen; Viktoriafälle 110 m hoch.
31 **der Bauernwagen mit Ochengespann,** heute nur noch selten anzutreffen.
32 **Johannesburg,** wichtigster Industrie- und Handelsplatz in Südafrika, bedeutender Knotenpunkt der Eisenbahnen und des Luftverkehrs.
33 **Tananarivo,** Hauptstadt von Madagaskar, mit altem Königspalast.
34 **der Oranje,** Fluß in Südafrika, 1860 km lang, nicht schiffbar.
35 **Kapstadt,** zweitgrößte Stadt der Südafrikanischen Union, Sitz des Parlamentes, wichtiger Flugplatz und Handelshafen.
36 **Durban,** wichtigster Hafen Südafrikas, Flughafen, beliebtes Seebad.
37 **das Rote Meer,** ein langgestrecktes Nebenmeer des Indischen Ozeans.
38 **der Sueskanal,** verbindet das Mittelländische Meer mit dem Roten Meer, 163 km lang.
39 **das Mittelländische Meer (Mittelmeer),** zwischen Europa und Nordafrika.
40 **die Straße von Gibraltar,** 14 km breite Meeresstraße, verbindet den Atlantischen Ozean mit dem Mittelländischen Meer.

A = Marokko
AI = Algerien
B = Tunesien
BB = Libyen
C = Vereinigte Arabische Republik
CC = Spanische Sahara
D = Mauretanien
DD = Senegal
E = Mali
EE = Gambia
F = Portugiesisch-Guinea
FF = Guinea
G = Sierra Leone
GG = Liberia
H = Elfenbeinküste
HH = Obervolta
I = Ghana
J = Togo
K = Dahomey
KK = Nigeria
L = Niger
LL = Tschad
M = Sudan
MM = Kamerun
N = Zentralafrikanische Republik
NN = Äthiopien
O = Französisch-Somaliland
OO = Somalia
P = Uganda
PP = Kenia
Q = Gabun
QA = Äquatorialguinea
QQ = Kongo (Volksrepublik)
QU = Kongo (Demokratische Republik)
R = Rwanda
S = Burundi
SCH = Tansania
SS = Angola (portugiesisch)
ST = Sambia
T = Malawi
TT = Südwestafrika
U = Botswana
UU = Rhodesien
V = Moçambique (portugiesisch)
W = Swasiland
X = Lesotho
Y = Südafrika
Z = Madagaskar

ATLANTISCHER
OZEAN
40
Casablanca
4
Oran
Algier
5
6
Tunis
39
23
Laghouat
Béchar
B
Tripolis
A
1
2
BB
7
Port Said
38
Sues
Kairo
8
23
AI
CC
11
12
S
A
H
A
R
A
C
Assuan
17
37
Wadi Halfa
Port Sudan
20
D
13
Timbuktu
16
9
19
10
L
E
14
15
LL
Kassala
Khartum
18
Bamako
Assab
22
Dschibuti
Kano
HH
M
Conakry
FF
K
KK
Freetown
G
H
I
J
Ibadan
Addis Abeba
21
Monrovia
GG
Abidjan
Lagos
Accra
N
NN
OO
MM
23
Duala
25
P
Kampala
PP
Mogadischu
Libreville
QQ
Q
QU
26
Nairobi
R
24
Port Francqui
Pointe-Noire
S
Mombasa
Kinshasa
27
Ujiji
SCH
23
3
Daressalam
ATLANTISCHER
SS
29
Lobito
28
T
Lubumbashi
30
ST
V
33
Tananarivo
23
Salisbury
31
U
UU
Beira
Z
32
Swakopmund
TT
OZEAN
Johannesburg
W
Lourenço Marques
Y
34
36
INDISCHER
X
Durban
OZEAN
23
Kapstadt
35
15 KW–NA

Ein afrikanischer Jäger erzählt

Endlich war der ersehnte Tag gekommen. Peter durfte den Vater nach Afrika begleiten. Es war eine sehr, sehr lange Reise mit dem Flugzeug. Natürlich merkte sich Peter ganz genau, wo überall zwischengelandet wurde. Die letzte Station war Kairo, dort war sogar eine längere Pause bis zum nächsten Anschluß notwendig. Die Maschine kam gegen Mittag dort an, und am nächsten Morgen ging es weiter. In Nairobi lernte Peter einen richtigen afrikanischen Jäger kennen, der viel Interessantes über die Tierwelt Afrikas zu erzählen wußte. Fast überall war er gewesen. Seinen Wohnsitz hatte er in der Nähe von Nairobi, aber die meiste Zeit des Jahres war er unterwegs auf Tierfang. Auch die zwei Elefanten für den Zoo, in dem Peters Vater arbeitet, hatte er gefangen. Er sagte, daß er schon fast alle größeren zoologischen Gärten und Tierparks in Europa mit wilden Tieren beliefert habe. „Der Frankfurter Zoo hat vor mehreren Jahren ein paar Stachelschweine, die in Nordafrika leben, bekommen. Junge Löwen und Leoparden habe ich nach London geschickt. Affen aller Art werden besonders viel von Wanderzirkussen gekauft." — „Fangen Sie denn auch Krokodile?" fragte Peter. — „Ja, natürlich, aber das kommt seltener vor, weil das Fangen so umständlich ist. Dadurch werden diese Tiere für die zoologischen Gärten sehr teuer. Ähnlich ist es mit den Fischen, wie zum Beispiel den Haien, fliegenden Fischen, Delphinen. Damit habe ich aber nichts zu tun, und wir Jäger sagen, Wasser hat keine Balken, und bleiben lieber auf dem Land." Da mußten alle sehr lachen.

Der Jäger begleitete den Elefantentransport von Nairobi bis Mombasa. Manchmal ist eine Eisenbahnfahrt langweilig, aber diesmal verging Peter die Zeit wie im Fluge. Peter fragte den Jäger: „Sie fangen so viele Tiere. Schießen Sie nicht auch welche?" Da machte Herr Knapp, so hieß der Jäger, ein nachdenkliches Gesicht: „Das ist eine Frage, die nicht leicht zu beantworten ist. Ich selbst habe bisher nur ein einziges Mal auf einen Löwen geschossen. Das tat ich aber nur, weil ich in Gefahr war. Wir afrikanischen Jäger sind nämlich nicht dazu da, die Wildtiere, die hier bei uns noch leben, abzuschießen. Wir wünschen, daß sie sich noch recht lange erhalten. Manchmal allerdings kommen reiche Europäer zu uns. Die haben sich von der Regierung einen Erlaubnisschein zum Abschießen von Elefanten oder anderem Großwild beschafft. Wir führen die Leute dann durch den Urwald an die Stellen, wo das Wild zu finden ist. Warum es manchen Menschen Freude macht, auf die Tiere zu schießen, weiß ich nicht. Für die zoologischen Gärten und die Tierparks fangen wir die Tiere gern, denn dort geht es ihnen gut, und viele Menschen freuen sich an ihnen. Einmal kam ein reicher Amerikaner zu mir. Er hatte die Erlaubnis, einen Elefantenbullen abzuschießen. Du mußt wissen, mein Junge, daß so eine Safari in den Urwald nicht so einfach ist, als wolltest du mal eben von Berlin nach Hamburg fahren. Eine Safari kann mehrere Wochen dauern." „Was ist denn eine Safari?" fragte Peter. „Das ist eine längere Reise mit Trägern. Alles, was unterwegs gebraucht wird, muß mitgenommen werden, denn im Urwald gibt es keine Läden. Die schwarzen Träger haben es bestimmt nicht leicht. Nun, der Amerikaner wollte also einen Elefantenbullen schießen. Als wir nach vier Wochen endlich im Jagdgebiet angekommen waren, mußte der Elefant erst aufgespürt werden. Nachdem das geschehen war, standen wir zu viert bereit, dem Schuß des Elefantenjägers zuzuschauen. In einer Entfernung von weniger als 200 Metern stand ein riesiger Einzelgänger. Ich habe selten so ein schönes und stolzes Tier gesehen. Unser Amerikaner legte seine Elefantenbüchse an und zielte sorgfältig. Er zielte sehr lange. Plötzlich mußte der Bulle Wind bekommen haben, denn er kam in schnellem Lauf auf uns zu. Mein Jäger bekam es mit der Angst, er setzte das Gewehr ab und wollte verschwinden. Hätten nicht in diesem Augenblick zwei unserer Begleiter, es waren Schwarze, auf den Bullen geschossen, hätte er uns vielleicht alle überrannt. Etwas Ähnliches ist uns einmal passiert, als ein Fabrikdirektor aus Deutschland einen Leoparden erlegen wollte. Auch er bekam Angst, und ein Schwarzer mußte den tödlichen Schuß abgeben. Unser Gast aber ließ sich nachher noch mit dem Leoparden zusammen fotografieren. Du wirst solche Angeberbilder schon gesehen haben, wo die Schützen stolz einen Fuß auf das tote Tier stellen. Das Bild zeigen sie dann allen Freunden und erzählen aufregende Jagdabenteuer, die sie nie erlebt haben. — Na, also, mein lieber Junge, ich wollte nur sagen, wir sollten das Wild lieber schützen, statt es totzuschießen." — „Wie ist es denn mit den Geiern?" fragte Peter, „dürfen die denn abgeschossen werden?" Herr Knapp antwortete: „Nein, ganz im Gegenteil! Die Geier nennen wir die Gesundheitspolizei der Wildnis. Sie fressen nämlich alles Aas, das sonst verfaulen würde, und halten so die Wildnis einigermaßen sauber." Peter hatte noch eine Frage: „Welches ist nun das interessanteste Tier in Afrika?" Herr Knapp überlegte eine Weile und sagte: „Eigentlich sind sie alle interessant. Jedes Tier hat seine Eigenarten, aber das Seltsamste ist mir bei den Elefanten begegnet. Es klingt fast wie ein Märchen, ist aber von A bis Z wahr. Vor mehreren Jahren lebte ganz in der Nähe meines Heimatortes, also hier in Ostafrika, eine Frau. Sie war aus Deutschland gekommen, hatte schon immer für die Tiere eine große Liebe empfunden und galt überall im Lande als große Jägerin. Sie konnte mitten in den Urwald gehen, und die Tiere taten ihr nichts. Angst kannte sie nicht. Besonders gern hatte sie die Elefanten. Als diese Frau vor einigen Jahren starb, geschah etwas ganz Seltsames. In ihrer letzten Stunde kamen viele, viele Elefanten bis an das Haus heran, in dem die sterbende Frau lag. Ein ungeheures Trompetenkonzert setzte ein, das lange Zeit anhielt. Ich habe es selbst gehört. Vielleicht war das die Klage der Elefanten, daß sie eine Freundin verloren. Jedenfalls glauben wir, daß die Tiere auf diese Weise von der großen Jägerin Abschied nahmen."

Peter und alle anderen, die diese Geschichte hörten, mußten während der Heimfahrt noch oft an den Abschied der Elefanten denken.

1
2
3
4
5
6
4
2
7
10
11
10
9
8
14
15
16
7
12
13
19
8
4
18
17
23
15
3
20
21
22
6
1
14
18
24
25
26
27
12
8
26
28
19
29
31
30
25
17
30
32

1 **Der Delphin,** Meeressäugetier, bis 2 m lang. Lebt in allen Meeren, begleitet oft die Schiffe.

2 **die Hyäne,** Raubtier, so groß wie ein Schäferhund, mit borstiger Mähne. Lebt in den Steppen. Frißt viel Aas.

3 **das Stachelschwein,** großes Nagetier, wird etwa 65 cm lang. Am Hals Borsten, am Leib weiße und dunkle Stacheln bis zu 40 cm, die es bei Gefahr aufrichtet. Wohnt in Höhlen, geht nachts auf Futtersuche.

4 **die Gazelle,** sehr schnelle, scheue Antilope. Zierliches Tier mit geringelten Hörnern. Ihre Farbe ist der Bodenfarbe angeglichen. Lebt in Herden in Wüsten und Steppen.

5 **der Ibis,** kleiner Storchvogel mit gebogenem Schnabel. Im alten Ägypten heiliger Vogel.

6 **der Flamingo,** hochbeiniger, langhalsiger Vogel, bis 1,25 m hoch. Rosaweiße Federn, Schultern rot. Steht gern in seichtem Wasser.

7 **der Strauß,** größter Vogel, bis 2,75 m hoch, kann nicht fliegen. Schnelläufer.

8 **der Löwe,** größtes katzenartiges Raubtier. Nur noch in Mittel- und Ostafrika. Schmutzig gelbes bis bräunliches Fell, nur männliche Löwen tragen eine Mähne. Berberlöwe bis 2 m lang.

9 **der Geier,** Adlervogel, gehört zu den Raubvögeln. Schnabel mindestens ebenso lang wie der Kopf. Nährt sich von Aas. Greift lebende Tiere nur bei großem Hunger an.

10 **die Antilope,** verschiedene Arten; gestreckte oder gebogene Hörner. Lebt in Herden in Wäldern und Steppen.

11 **das Krokodil,** Panzerechse, Kriechtier, bis 10 m lang. Fleischfresser, überfällt das Wild an der Tränke. Im Wasser sehr beweglich, auf dem Lande unbeholfen. Die Haut wird zu Leder verarbeitet.

12 **die Meerkatze,** Baumaffe mit langem Kletterschwanz, flink und gewandt, lebt in Horden. Nährt sich von Pflanzen und kleinen Tieren.

13 **der Gepard,** Großkatze, sehr langbeinig. Steppentier, gelbliches, getüpfeltes Fell, schmächtiger Körper, kleiner Kopf.

14 **der afrikanische Elefant,** größtes Landtier (bis 6000 kg). Langer Rüssel, Stoßzähne (Elfenbein) bis 3 m lang. Intelligentes Tier, wird gezähmt als Arbeitstier verwendet. Nahrung: Laub, Gras, Baumrinden.

15 **die Giraffe,** kurzhaariges, geflecktes Fell, Vorderbeine beträchtlich länger als die Hinterbeine, sehr langer Hals, Scheitelhöhe 5 bis 6 m. Lebt in Steppen, frißt Laub und Zweige.

16 **der Pavian,** Felsenaffe, lebt lärmend in großen Herden. Nährt sich hauptsächlich von Pflanzen und kleinem Getier.

17 **der Kaffernbüffel,** Wildrind, 1,50 bis 1,80 m hoch. Sehr dünnes Fell, die Haut ist dunkel. Starke Hörner. Lebt in Herden.

18 **der Leopard,** Großkatze, bis 1,50 m lang. Gefährliches Raubtier, das große Säugetiere jagt und auch Menschen angreift. Guter Kletterer und Springer.

19 **das Zebra,** afrikanisches Wildpferd, Herdentier. Die Streifung tarnt die Zebras. Es gibt jedoch auch Zebras, die nur ganz schwach gestreift sind.

20 **der Gorilla,** größter Menschenaffe, bis 5 Zentner schwer. Baum- und Bodentier. Nährt sich von Früchten und jungen Trieben.

21 **der Schimpanse,** kleiner Menschenaffe mit dunklem Fell. Baumtier, läuft zeitweise auf 2 Beinen, aufgerichtet bis 1,30 m groß. Nahrung: Wurzeln, Blüten, Früchte.

22 **das Okapi,** kurzhalsige Giraffe, Wiederkäuer. Wurde erst 1901 im Urwald entdeckt.

23 **das Flußpferd (Nilpferd),** Paarhufer, Säugetier. Haarloser, fetter Körper. Pflanzenfresser, lebt tagsüber im Wasser, äst (weidet) nachts auf dem Lande.

24 **der Hai,** Knorpelfisch. Offene Kiemenspalten, Maul an der Unterseite des Kopfes. Raubtier, frißt Wassertiere, greift aber auch Menschen an.

25 **der Papagei,** bunter Vogel des tropischen Urwaldes. Leicht zu zähmen, lernt sprechen.

26 **das Nashorn,** plump erscheinendes Tier, das in den Steppen Afrikas lebt. Nährt sich von Zweigen und harten Stauden.

27 **der Schakal,** hundeartiges Raubtier, schmutziggelb oder graugelb, kleine Ohren. Länge etwa 1 m. Nachts geht es auf Raub aus, dabei hundeähnliches Geheul.

28 **der fliegende Fisch,** bis 50 cm lang. Hat lange Brustflossen, kann dadurch bis zu 200 m weit über dem Wasser „fliegen".

29 **der Albatros,** kräftiger Sturmvogel mit kurzem Hals. Nahrung: Wassertiere und Schiffsabfälle. Tagelang folgt er Schiffen, fast ohne einen Flügelschlag, Flügelspannweite 3 bis 4 m.

30 **der Pinguin,** flugunfähiger Schwimm- und Tauchvogel. Nahrung: Fische. An Land watschelt er aufrecht. Rücken dunkel, Bauch weiß, Kopf dunkel und weiß gezeichnet.

31 **der Maki,** affenartiges Tier, Schwanz genauso lang wie der Körper. Nährt sich hauptsächlich von Datteln, geht nachts auf Futtersuche.

32 **der Hammerhai,** bis zu 4 m lang, eigenartige Kopfform. Greift den Menschen an. Gebiert lebendige Junge.

Auf der Schiffsreise von Mombasa nach Port Said hat Peter einen neuen Freund gefunden. Es ist ein Neger. Er ist sehr groß und trägt einen modernen Anzug. Peter hat inzwischen gelernt, daß die Schwarzen sehr freundliche Leute sind. Mister Barmut, so heißt er, hat dem Jungen erzählt, daß er in Deutschland studiert habe und nun ein Jahr zu Besuch in seiner Heimat gewesen sei.

In Port Said müssen die Elefanten umgeladen werden. Weil die Reise von dort erst einige Tage später weitergeht, fahren Mister Barmut und Peter mit dem Vater nach Kairo. Während Herr Meyer einen Freund besucht, machen Mr. Barmut und der Junge einen Bummel durch die Stadt. Vor einer riesigen Moschee bleiben sie stehen. „Wozu sind denn diese Moscheen da?" fragt Peter. Mr. Barmut antwortet: „Viele, ja die meisten Einwohner Kairos sind Mohammedaner, es sind also keine Christen wie wir, deshalb sehen auch ihre Kirchen anders aus als unsere. Die Moscheen sind die Bethäuser der Mohammedaner. In Kairo gibt es über 500 Moscheen." Da muß Peter doch staunen. Gerade in diesem Augenblick tritt oben auf dem Turm der Moschee aus einer Tür ein Mann heraus. Er beginnt laut zu rufen; dieses Rufen hört sich beinahe wie Gesang an. „Was ist denn das?" ist gleich Peters Frage. Mr. Barmut sagt: „Das ist der Muezzin. Er ruft fünfmal am Tage alle Mohammedaner zum Gebet." Dann gehen sie weiter. Peter wundert sich, daß in Kairo solch ein riesiger Verkehr herrscht. Er betrachtet aufmerksam die vielen Menschen und fragt: „Mr. Barmut, die Leute sehen hier alle so verschieden aus, wie kommt das?" — „Wie meinst du das, verschieden?" — „Ich meine, einige tragen ganz normale Kleidung wie wir, andere haben lange Schleier um oder sind in große Tücher gewickelt." — „Ach so", antwortet Mr. Barmut lachend, „ja, hier in Kairo leben nicht nur Ägypter, hier sind sozusagen alle Völker Afrikas versammelt. Kairo ist ja die größte Stadt Afrikas, und da darf es dich nicht wundern, daß hier sowohl Araber als auch Wüstenbewohner und Schwarze leben. Die sind im Laufe der Zeit nach Kairo eingewandert. Sieh mal dort", und damit zeigt Mr. Barmut auf einen Mann, der in riesige Tücher eingehüllt scheint, seinen Kopf ebenfalls mit Tüchern umwickelt hat und eine hellbraune Hautfarbe hat, „das ist ein Kameltreiber aus der Wüste, ein Tuareg. Stell dir mal vor, bei den Tuaregs tragen die Männer Gesichtsschleier. Natürlich nicht hier in der Stadt", kommt er Peters Frage zuvor, „nur in der Wüste. Damit schützen sie sich vor dem heißen, trockenen Wüstenwind. Sieh dir dort drüben den anderen Mann an. Er scheint noch dichter in seine Tücher eingehüllt zu sein, es ist ein Berber. Vor allem leben hier viele Araber. Auch sie sind eingewandert. Sehr viele Menschen sind nur vorübergehend hier." Da sieht Peter auf der anderen Straßenseite einige Frauen, die tief verschleiert sind, und er fragt Mr. Barmut, was das zu bedeuten hat. Der antwortet: „Das sind Mohammedanerinnen. Ihr Glaube schreibt ihnen vor, verschleiert zu gehen. Heutzutage halten sich aber nicht mehr alle daran."

Am nächsten Tage geht es wieder nach Port Said und von dort mit einem Schiff weiter. Peter sitzt mit seinem Vater und Mr. Barmut an Deck des Schiffes. Mr. Barmut erzählt gerade, daß manche Neger ziemlich schwarz sind, manche nur dunkelbraun oder noch hellhäutiger. Er sagt: „Die Bewohner Mittelafrikas und Südafrikas sind tiefschwarz. Je weiter du nach dem Norden kommst, um so heller wird die Hautfarbe. Die Urwaldneger, Bantuneger und Sudanneger haben die dunkelste Hautfarbe. Die Neger in Äthiopien und am Senegal in Westafrika haben eine hellere Hautfarbe, aber Neger sind sie natürlich auch." — „Ach, so ist das", sagt Peter, „wissen Sie, Mr. Barmut, meine Schwester hat einmal gesagt: „Wenn die Neger sich tüchtig waschen, werden sie so hell wie wir." Da muß Mr. Barmut lachen. Dann aber will Peter wissen, wie die Neger leben, die im Urwald wohnen. „Das ist sehr verschieden", meint Mr. Barmut, „die meisten leben in Dörfern in ihren selbstgebauten Hütten. Sie bestellen ihre Felder. Früher wurde nur Hirse gepflanzt, aber heute haben wir hier in Afrika auch Mais, Reis und andere Getreidearten. Es gibt aber auch Stämme, die wie Wilde im Urwald leben. Zu ihnen gehören zum Beispiel ganz kleine Menschen, Zwergmenschen." — „Die Pygmäen?" fragt Peter. „Ja, ich meine die Pygmäen. Sie werden nicht größer, als du jetzt bist, bis 1,50 m. Sie haben vor anderen Menschen Angst, vor allem vor Weißen, und laufen davon, wenn sie nur von weitem einen sehen." — „Ja, aber wovon leben sie denn?" will der Junge wissen. „Nun, sie treiben keinen Ackerbau, sondern suchen sich im Walde das, was sie zum Essen brauchen. Gewehre kennen sie nicht, statt dessen benutzen sie Pfeil und Bogen. Es kommt auch vor, daß sie vergiftete Pfeile auf Fremde abschießen. Das ist dann sehr gefährlich." — Unterdessen ist Peter wieder eine Frage eingefallen: „Ich habe mal gelesen, daß die Neger sich früher ihre Frauen kaufen mußten. Gibt es das heute auch noch?" Mr. Barmut lacht: „In sehr vielen Negerstämmen ist das auch heute noch so. Wenn ein Neger heiraten will, muß er dem Vater des Mädchens Früchte oder Haustiere bringen, Ziegen, Schafe oder Rinder. Die Neger jedoch, die in größeren Städten leben, heiraten genauso wie die Menschen in Europa."

Herr Meyer fragt jetzt Peter: „Du weißt doch, daß die Heimat der Neger Afrika ist, nicht wahr? — „Ja, Vater!" — „Dann verrate mir doch mal", meint Herr Meyer schmunzelnd, „wie die vielen Neger nach Amerika gekommen sind!"

Peter denkt eine Weile nach, dann sagt er: „Sicherlich sind sie dahin ausgewandert." — Herr Meyer lächelt: „Siehst du, das habe ich mir gedacht. Aber so ganz stimmt das nicht. Mr. Barmut kann es dir sicher genau erklären. Ich muß mal nach den beiden Jumbos sehen." Damit geht er fort, und Peter schaut Mr. Barmut erwartungsvoll an. Der erzählt: „Vor über 400 Jahren gab es in Amerika noch keine Neger. Du wirst wohl schon wissen, daß Kolumbus 1492 Amerika entdeckt hat. Zunächst kamen viele Weiße dorthin, aber es fehlte an Arbeitskräften. Darum fuhren die Weißen von Amerika und von Europa aus nach Afrika, nahmen viele Schwarze gefangen und transportierten sie gefesselt nach Amerika. Dort wurden die Schwarzen dann verkauft. Man nennt das Sklavenhandel. Es gab hier in Afrika blutige Kämpfe, denn die Neger wollten nicht gern ihre Heimat verlassen." Peter fragt: „Gibt es das heute auch noch?" — „Nein", antwortet Mr. Barmut, „heute ist der Sklavenhandel verboten. Du weißt wohl, daß ein Sklave das Eigentum seines Herrn war, der mit ihm machen konnte, was er wollte. Er konnte ihn verkaufen, verprügeln oder sogar totschlagen, aber damit ist es, Gott sei Dank, endgültig vorbei." Peter wird nachdenklich, dann meint er: „Ja, Gott sei Dank! Für die armen Neger war damals wohl eine schreckliche Zeit!"

1 **Die Araberin.** Als Mohammedanerin trägt sie einen Gesichtsschleier, der nur die Augen frei läßt.

2 **der Berber.** Neben den Arabern bilden die Berber den Hauptanteil der Bevölkerung Nordafrikas. Mohammedaner, meist Bauern und Viehzüchter.

3 **die Oase,** Wasserstelle in der Wüste, die Pflanzenwuchs ermöglicht. Oft nur wenige Bäume, mitunter größere Ansiedlungen.

4 **der Fellache.** Ägyptischer Bauer, Mohammedaner.

5 **der Reitesel,** in Ägypten von den Fellachen häufig benutztes Reittier.

6 **das Reitkamel,** in der Sahara noch heute unentbehrliches Beförderungsmittel. Ein gutes Reitkamel legt am Tag bis zu 150 km zurück. Kann einige Tage ohne Wasser auskommen. Nahrung: Gräser, Sträucher und Baumzweige.

7 **der Tuareg,** Nomade. Die Tuaregs leben in den Gebirgen der Sahara. Kamel-, Schaf- und Ziegenzüchter, gute Karawanenführer. Früher als Wüstenräuber gefürchtet.

8 **der Sudanese,** trägt wegen der Hitze faltenreiche, weiße Kleidung und einen weißen Turban. Im Sudan leben Araber und Neger.

9 **das Hausrind,** wird von viehzüchtenden Eingeborenen gehalten.

10 **die Senegalnegerin,** geschmückt mit Ketten und Armreifen. In der Hand eine Kalebasse (Flaschenkürbis), die als Gefäß verwendet wird. Im Senegal leben die Eingeborenen von Viehzucht und Ackerbau, Anbau von Hirse, Mais und Erdnüssen.

11 **der Haussa,** westafrikanischer Neger. Die Haussa leben als Tierzüchter, Händler und Handwerker. Sie sind geschickte Töpfer, Weber und bekannt für schöne Metallarbeiten.

12 **die Fischerhütte,** an Flußufern zu finden. Gerade, schlanke Stämme werden zu einem Gerüst verbunden und mit groben Fasern gedeckt.

13 **der Fulbe,** Neger mit etwas hellerer Hautfarbe. Die Fulben leben zum Teil noch als nomadische Kleintier- und Rinderzüchter, aber auch als Feldbauern und Händler. Die meisten von ihnen sind Mohammedaner. Die Lippenscheibe gilt als Schmuck.

14 **die Eingeborenenhütte.** Wie Dachziegel liegen die Blätter auf einem Zweiggerüst.

15 **die Ziege,** in Zentralafrika als Haustier häufig.

16 **die Negerfrau aus Zentralafrika.** In einem Holzmörser stampft sie Getreide.

17 **der Äthiopier.** Hier in der Tracht eines Würdenträgers des Kaiserreichs Äthiopien. Die Äthiopier sind ein altes afrikanisches Kulturvolk, das schon früh das Christentum annahm.

18 **der Somal.** Die Somali sind die dunkelhäutige Bevölkerung des Somalilandes. Nomaden, die Viehzucht treiben. Die Somali sind meist Mohammedaner.

19 **das Schaf,** wird in Somaliland von den Eingeborenen gezüchtet.

20 **die Zwergziege.** In Kamerun wird sie von den Eingeborenen als Haustier gehalten.

21 **der Pygmäe,** Zwergmensch, gelb- bis dunkelbraune Haut und krauses Haar. Urwaldjäger und Fischer, jagt mit Pfeil und Bogen, besitzt als Haustiere nur Hund und Huhn. Frauen sammeln Knollen und Früchte.

22 **die Eingeborenenhütte.** Stöcke bilden ein Gerüst, das mit Blättern gedeckt wird.

23 **der Watussi,** zentralafrikanischer Neger, hier festlich geschmückt beim Tanz. Die Watussi sind meist Viehzüchter.

24 **der Massai,** dunkelhäutiger kriegerischer Bewohner Ostafrikas. Bekannt als Viehzüchter.

25 **das Karakulschaf,** Zucht in Südwestafrika wegen des wertvollen Fells (Persianer).

26 **die Zulufrau,** mahlt Getreide auf einem Mahlstein. Die Zulus leben von Großviehzucht und Hackfruchtanbau, jetzt größtenteils im Zululand an der Südostküste Afrikas.

27 **das Segelschiff,** vor dem Aufkommen der Dampfschiffe und der modernen Motorschiffe das Verkehrsmittel auf allen Meeren.

28 **die Hererohütte,** Kuppelhütte aus Lehm. Das Dorf, Werft genannt, wird kreisförmig angelegt.

29 **die Hererofrau,** in Lederkleidung mit typischem dreizipfligem Kopfschmuck. Die Hereros sind groß, schlank, dunkelhäutig. Bekannt als Schaf- und Rinderzüchter.

30 **der Buschmann,** fahlgelbe, faltige Haut, zwergwüchsig. Die Buschmänner gehören zur primitiven Urbevölkerung Südafrikas, jagen noch heute mit Pfeilen und Keulen. Die Frauen sammeln wilde Früchte und Kleintiere. Als Wetterschutz dienen einfache Windschirme oder natürliche Höhlen.

31 **die Rundhütte,** Lehmmauern, darauf kegelförmiges Dach.

32 **der europäisierte Neger,** lebt in Städten, versucht, sich den europäischen Bewohnern anzugleichen.

33 **das Rind,** in Ostafrika wertvoller Besitz der Eingeborenenbevölkerung.

34 **die Merinafrau.** Die Merina wohnen im östlichen Teil der Insel Madagaskar. Sie haben hellbraune Haut und sind klein und zierlich.

35 **die Sakalavin,** dunkelhäutige Bewohnerin Madagaskars.

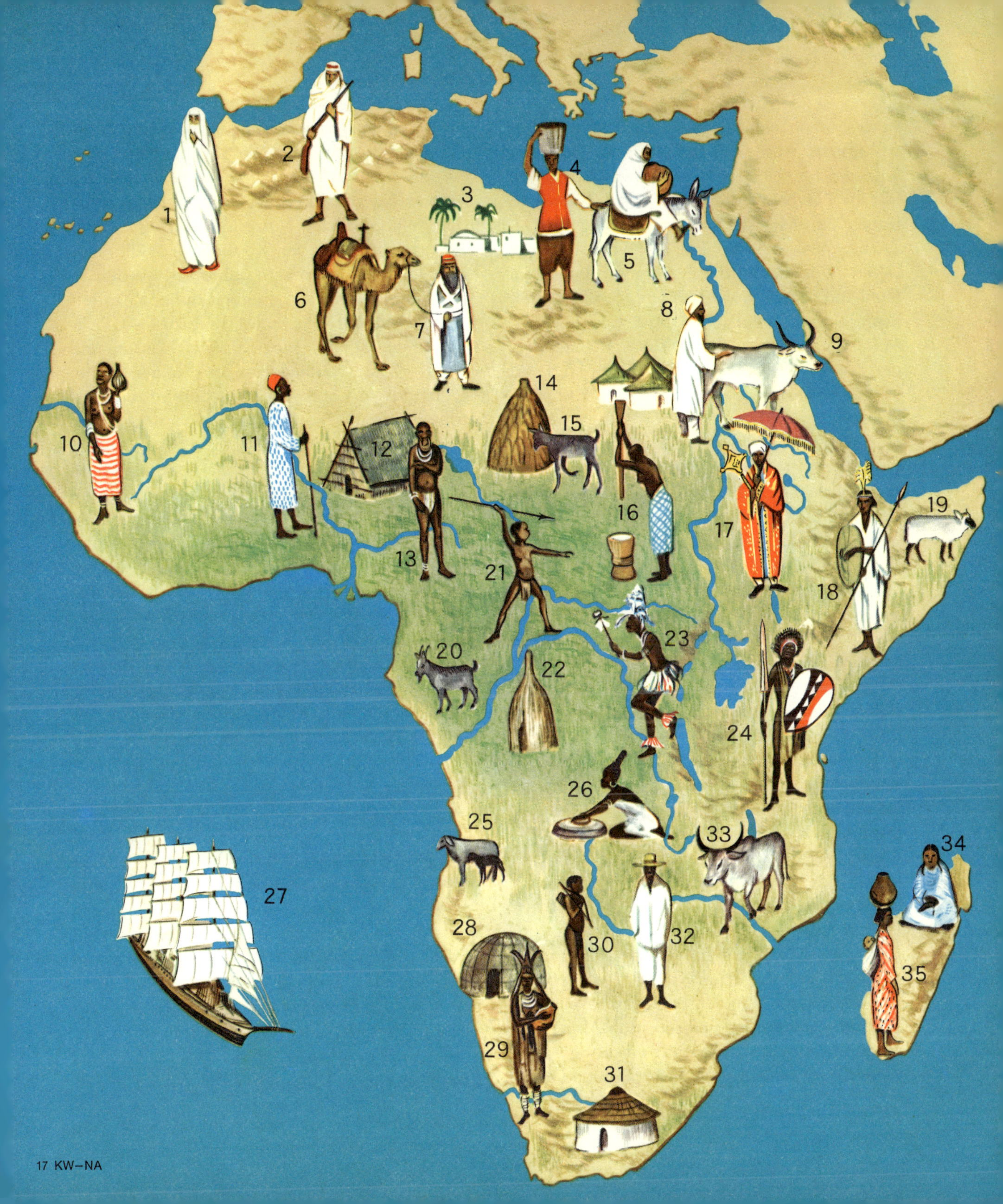
1
2
3
4
5
6
7
8
9
10
11
12
13
14
15
16
17
18
19
20
21
22
23
24
25
26
27
28
29
30
31
32
33
34
35

17 KW–NA

Peter liest in einem dicken Buch. Ein aufgeschlagener Atlas liegt neben ihm. Da geht leise die Tür auf, und seine Schwester Monika tritt ins Zimmer. Der Junge dreht sich um und fragt: „Na, Monika, was willst du denn?" — „Ach", antwortet Monika, „ich wollte nur mal sehen, was du machst." Peter springt vom Stuhl auf, achtet gar nicht auf Monika, greift nach einem Zettel und saust aus der Tür. Monika hört nur noch: „Käpt'n Hansen ..." und ist allein im Zimmer. Enttäuscht sagt sie: „Oooch!" Sicher wäre sie gern mit zu Kapitän Hansen gegangen.

Nun schaut sie in das dicke Buch, in dem Peter gerade gelesen hat. „Südafrika — reichstes Goldland der Erde" steht da als Überschrift. Das nächste Kapitel ist überschrieben: „Silber- und Kupferbergwerke in Afrika." Von den Bodenschätzen Afrikas ist hier also die Rede. Das interessiert Monika nicht so sehr, sie blättert weiter. Da sind sogar einige Bilder. Unter dem einen steht „Arbeitende Neger in einem Kohlenbergwerk Südafrikas", eine Tafel zeigt, an welchen Orten Afrikas Diamanten gefunden werden. Da ist noch ein Bild mit einem Bergwerk; darunter steht, daß hier die Neger in einem Eisenerzbergwerk arbeiten. Darüber wundert sich Monika, denn bisher dachte sie immer, Eisen würde nur in Europa und Amerika gefunden.

Sie schlägt das Buch zu und verläßt das Zimmer. Peter wird schimpfen, weil sie ihm die Seite verschlagen hat. Der Junge ist inzwischen ins Nachbarhaus zu Kapitän Hansen gegangen. Die beiden sitzen im Zimmer des bärtigen Alten. Peter fragt: „Herr Kapitän, was ist eine Vegetationszone? In dem Buch, das Sie mir neulich gaben, habe ich gelesen, daß Afrika in 4 Vegetationszonen eingeteilt wird." — „Tja, mein Junge", antwortet der Kapitän und langt nach seinem Tabaksbeutel, um sich eine Pfeife zu stopfen, „da mußt du zuerst wissen, was ‚Vegetation' ist. Darunter versteht man das Wachstum von Pflanzen, und zwar von Nutz- und Wildpflanzen. Nutzpflanzen sind ..." da unterbricht Peter den Kapitän „... Pflanzen, die von den Bewohnern gebraucht werden. In Afrika zum Beispiel gehören Bananen, Dattelpalmen, Baumwolle und Hirse dazu." — „Richtig, mein Sohn", sagt Kapitän Hansen und stößt dicke Qualmwolken aus seiner Pfeife, „das hast du gut gelernt! Wildpflanzen werden nicht angebaut, sondern wachsen wild im Gelände. Nutz- und Wildpflanzen zusammen bilden die Vegetation. Eine Vegetationszone ist ein Gebiet, in dem ungefähr das gleiche Wachstum herrscht, in dem also die gleichen Pflanzen gedeihen. Die erste Vegetationszone liegt entlang dem Äquator. Dort ist es am heißesten, und es regnet sehr oft. Es ist das Regenwaldgebiet, wo eine sehr üppige Vegetation herrscht. Die anderen Zonen schließen sich nun nördlich und südlich an das Regenwaldgebiet an. Es gibt die zweite Vegetationszone also gleich zweimal. Das ist die Zone der Savannen und Baumsteppen. In dieser Zone wächst lichter Wald, und man findet riesige Grasfluren, wo aber das Gras in der Trockenzeit verdorrt." — „Käpt'n", ruft Peter, „was sind Savannen?" — „Natürlich, das kannst du nicht wissen", antwortet der Kapitän, aber ehe er das Wort erklärt, stopft er wieder seine Pfeife und zündet sie an. „Savannen nennt man die Grasfluren der tropischen Gebiete. Du mußt nicht etwa an unsere Wiesen denken, wenn du von den afrikanischen Grasfluren hörst. Dort ist das Gras so hoch, daß du mit Monika darin herrlich Verstecken spielen könntest. Selbst Erwachsene wären in dem hohen Gras nicht zu sehen. Daß man Mittelafrika auch als

Tropen bezeichnet, wirst du wohl wissen." — „Ja", meint Peter, „da tragen die Weißen doch immer solche Tropenhelme, die gegen die starke Sonne schützen sollen". — Der Kapitän staunt: „Was du alles so weißt! Na, du liest ja sehr viel. An die zweite Zone schließt sich dann die dritte an, und zwar wieder im Norden und im Süden. Es sind die Steppen, wo das Gras viel niedriger ist als in den Savannen. Sonst gibt es nur einzelne Bäume und Dornbüsche. Die vierte Zone endlich ist die der Wüsten". — „Die Sahara!" ruft Peter. Der Kapitän nickt: „Richtig, mein Sohn! Im Norden ist es die riesige Sahara, im Süden ist es ein Sandwüstenstreifen. Die Wüsten sind vegetationslos, das heißt, dort wächst rein gar nichts, wenn man die Oasen in Nordafrika außer Betracht läßt. In den Wüsten gibt es aber nicht nur Sand, wie viele denken, sondern auch Felsen, hohe Berge in eigenartigen Formen und viel Felsgeröll". Peter meint: „An den fruchtbaren Stellen der Sahara wachsen doch Dattelpalmen, nicht wahr? „Ja, das stimmt", antwortet Kapitän Hansen, „die Eingeborenen essen nicht nur die Früchte — du kennst ja Datteln —, sondern verwenden auch den Stamm als Bauholz. Mit den Blättern decken sie ihre Hütten, und außerdem flechten sie noch Matten und Taue daraus." Dann fragt Käpt'n Hansen mit einem Schmunzeln: „Sag mal, mein Junge, weißt du eigentlich, daß es noch gar nicht so lange her ist, daß Afrika erforscht und so genau bekannt ist?" Peter blickt den Kapitän fragend an, denn er weiß nicht recht, ob Herr Hansen ihn nur auf die Probe stellen will. Auf gut Glück sagt der Junge: „Jedenfalls liegt Afrika viel näher bei Europa als Amerika, deshalb muß es auch eher entdeckt worden sein." Darauf entgegnet der Kapitän: „Wie man's nimmt. Natürlich, schon bei den Römern und noch früher hat man vom Land südlich des Mittelmeeres gewußt. Aber niemand hatte eine Vorstellung davon, wie groß dieses Land ist. Noch im Mittelalter kannten die Leute bei uns nur zwei Erdteile: das Morgenland (das war Asien) und das Abendland (das war Europa). Was man von Afrika kannte: Ägypten und Libyen, das zählte zum Morgenland." „Wie ging es weiter?" fragt der Junge ungeduldig. „Ungefähr zur selben Zeit", fährt Kapitän Hansen fort, „als Kolumbus Amerika entdeckte — das war vor knapp 500 Jahren — umsegelte ein portugiesischer Seefahrer zum erstenmal die Südspitze Afrikas. Er hieß Vasco da Gama. Es war im Jahre 1498. Aber dann vergingen wieder mehr als 300 Jahre, ehe mutige Forscher von den Küsten aus ins Innere Afrikas eindrangen. Das war nämlich gar nicht leicht. Im Norden versperrte die Wüste den Weg, weiter südlich der undurchdringliche Urwald, von dem inzwischen schon weite Gebiete urbar gemacht worden sind. Und hier wie dort gab es feindselige Eingeborene. — Ja, Peter, so ist es zu verstehen, daß noch vor hundert Jahren Kinder, die so wie du heute in der Schule saßen, von Afrika nur ganz wenig erfuhren. — Du solltest dir zum Geburtstag von deinen Eltern einmal ein Buch über die großen Entdecker der fremden Erdteile schenken lassen. Da wirst du dann von ihren vielen Heldentaten erfahren. Ich will dir nur drei Namen nennen: für die Sahara: Heinrich Barth, für Südafrika: David Livingstone und für die Urwälder: Henry Morton Stanley."

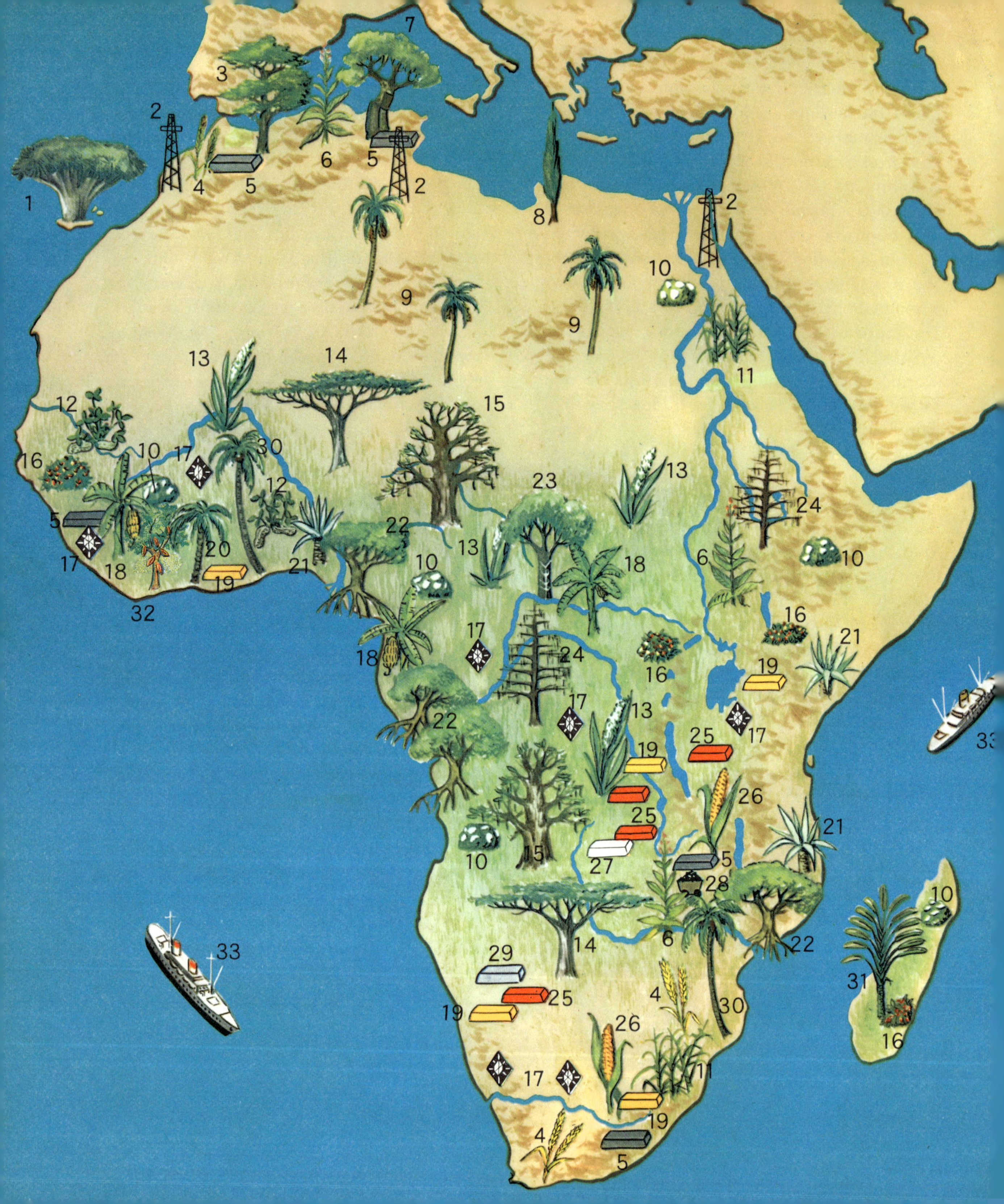
7
3
2
6
5
1
4
5
2
8
2
10
9
9
11
13
14
15
12
16
10
17
30
12
13
23
24
5
22
17
18
20
21
19
13
10
18
6
10
32
16
17
18
24
21
16
19
17
13
22
25
17
19
26
25
27
21
10
15
5
28
10
14
6
22
31
29
33
25
19
4
30
26
16
17
11
19
5
4
33

1 **Der Drachenbaum,** wird nicht hoch (bis 18 m), der Stamm wächst in die Dicke. Schwertförmige Blätter.

2 **die Erdölgewinnung.** Erdöl ist ein wichtiger Rohstoff, aus dem Benzin, Leuchtöle, Treibstoff für Dieselmotoren, Heiz- und Schmieröle gewonnen werden.

3 **die Zeder,** Lärchenart, weiches Holz, bis 40 m hoch, Durchmesser bis 4 m.

4 **der Weizen,** Getreidepflanze, gehört zu den ältesten Feldpflanzen, Anbau in Nord- und Südafrika, Brotfrucht.

5 **das Eisen,** Schwermetall, wichtig für die Schwerindustrie. In Bergwerken werden Eisenerze gefördert. Im Hochofen wird Eisen daraus gewonnen.

6 **die Tabakpflanze,** Nachtschattengewächs. Wird wegen der Blätter angebaut, die getrocknet und zubereitet werden.

7 **die Korkeiche,** wird im Mittelmeerraum angebaut. Die dicke Borke (Kork) wird zum erstenmal nach 15 Jahren geschält, dann alle 6—10 Jahre.

8 **die Zypresse,** Nadelbaum, schlanke Form, bis 50 m hoch.

9 **die Dattelpalme,** bis 20 m hoch. Wächst in den Oasen der nordafrikanischen Wüste. Braucht große Hitze und Grundwasser. Wird 100 Jahre alt und trägt etwa 80 Jahre lang jährlich 300 kg Früchte.

10 **die Baumwollpflanze,** hoher Strauch. Früchte mit watteartigen Samenhaaren, die zu Baumwollstoffen versponnen und verwebt werden. Aus den Früchten wird Öl gepreßt.

11 **das Zuckerrohr,** bis 6 m hohes Gras. Zuckerhaltiger Saft des Markes wird zu Zucker verarbeitet (eingedickt).

12 **die Erdnuß,** Hülsenfrüchtler. Früchte bohren sich in den Boden und reifen dort. Nahrungsmittel und Viehfutter. Aus den Früchten wird Öl gewonnen.

13 **die Mohrenhirse (Durra),** Getreidegras, bis 7 m hoch. Wächst in den Trockensteppen. Wichtiges Nahrungsmittel für die Eingeborenen. Nur zu Brei zu verwenden, für Brot ungeeignet.

14 **die Schirmakazie,** Baum mit breit ausladender Krone, bis 15 m hoch, mit mehreren Stämmen. Charakteristisch für die afrikanische Steppe.

15 **der Affenbrotbaum,** Baum der afrikanischen Steppe, bis 20 m hoch, Stamm bis 10 m dick. Gurkenförmige Frucht mit säuerlichem Mark.

16 **der Kaffeestrauch,** immergrüner Strauch oder Baum, bis 6 m hoch. In roten Beeren je 2 Samen (Kaffeebohnen).

17 **Edelsteine,** Mineralien verschiedener Farben, die besonders hart sind. Der härteste Edelstein ist der Diamant.

18 **die Banane,** einjährige Staude, bis 10 m hoch. Blätter bis 2 m lang. Am heruntergebogenen Blütenschopf bis über 100 Bananen.

19 **das Gold,** Edelmetall, wird durch Auswaschen goldhaltigen Gesteins gewonnen. Verwendung für Schmuck und Münzen.

20 **die Ölpalme,** bis 800 Früchte an einem Büschel, ähnlich der Dattelpalme (siehe Nr. 9). Liefert Speiseöl, Schmieröl und andere Öle.

21 **die Sisalagave,** Liliengewächs, dicke, fleischige Blätter, deren Fasern zu Flechtwerk, Matten und Seilen verarbeitet werden.

22 **die Mangrove,** in heißen Gebieten immergrüner Laubwald am Meer. Die Bäume haben Stelzwurzeln und stehen bei Ebbe (wenn das Wasser sinkt) im Sumpf, bei Flut (wenn das Wasser steigt) im Meer.

23 **der Kautschukbaum,** verschiedene Arten. Der Baum gibt nach Anschneiden einen hellen Saft, aus dem Kautschuk gewonnen wird.

24 **der Kapokbaum.** Die Früchte tragen innen wollartige Haare, die zur Füllung von Matratzen verwendet werden.

25 **das Kupfer,** rotes Schwermetall, für elektrische Leitungsdrähte, Bleche, Münzen. In Bergwerken gefördert. Reich an Kupfer ist vor allem der Kongostaat.

26 **der Mais,** Getreidegras, bis 2,5 m hoch. Fruchtkolben mit vielen Maiskörnern. Verarbeitung zu Maismehl, Maisbrot und als Viehfutter.

27 **das Silber,** Edelmetall. Verwendung zu Schmuck und Münzen, Bestecken, Arztinstrumenten und in der Industrie. In Bergwerken gefördert.

28 **die Kohle,** im Bergwerk gefördert. Zum Heizen gebraucht: in Öfen, Lokomotiven, Kraftwerken. Aus Kohle wird auch Benzin, Kunstgummi hergestellt.

29 **das Blei,** weiches Schwermetall, das besonders zu Kabelmänteln, Wasserleitungsrohren, Akkumulatoren und Munition verarbeitet wird.

30 **die Kokospalme,** bis 30 m hoch. Vielseitige Verwendungsmöglichkeit: Kokosnüsse als Nahrung der Eingeborenen, getrocknet (Kopra) als Rohstoff für Fette, Seifen und Kerzen, Knospenspitzen als Gemüse, Blütensaft als Palmwein, Fasern der Früchte für Matten und Flechtwerk, Blätter zum Decken der Dächer, Holz als Bauholz.

31 **der Baum der Reisenden,** Zierpflanze, bis 10 m hoch, Blätter nur nach zwei Seiten.

32 **der Kakaobaum;** zur Kakaogewinnung werden die Samen geröstet und gemahlen.

33 **das Handelsschiff,** umfährt die Südspitze Afrikas.

Monika muß einen Aufsatz schreiben

Die arme Monika soll einen Aufsatz schreiben. Nun sitzt sie im Kinderzimmer an ihrem Tischchen und lutscht an ihrem Federhalter. Das Aufsatzthema lautet: „Die Entdeckung Amerikas". Monika fällt es immer schwer, bei einem Aufsatz den Anfang zu finden. Die Mutter hat sie auch schon danach gefragt. Die hatte vorgeschlagen: „Am 3. August des Jahres 1492 trat Christoph Kolumbus mit drei Schiffen eine Reise an, die ihn in ferne Länder führen sollte." Aber damit war unsere Monika nicht einverstanden. Auch Peter konnte beim Anfang des Aufsatzes nicht recht helfen. Er hatte so anfangen wollen: „Vor ungefähr 450 Jahren fuhren von Spanien aus drei Schiffe unter der Führung des Kapitäns Christoph Kolumbus in westliche Richtung, um einen Seeweg nach Indien zu suchen." Das gefiel Monika schon besser. Aber nun sitzt Monika immer noch vor der leeren Heftseite und sucht einen guten Anfang. Sie denkt bei sich: „Am liebsten würde ich es so schreiben, als ob es Kolumbus selber erzählt." Nachdem Monika noch eine Weile sehr angestrengt nachgedacht hat, schreibt sie wirklich die ersten Sätze in ihr Heft: „Unsere drei Karavellen nehmen von der spanischen Küste aus westlichen Kurs. Wir wollen einen Seeweg von Europa nach Indien finden. Zu dieser Reise bin ich durch einige alte Karten eines Seekapitäns namens Toscanelli angeregt worden. Nach seiner Berechnung dürfte eine Seereise von Europa nach Indien nicht allzu lange dauern, und eines Tages müssen wir sicherlich irgendwo in Indien auf Land stoßen." Und dann schreibt Monika mehr und mehr. Ihr fällt alles wieder ein, was der Lehrer über diese Reise des Kolumbus erzählt hat. Als Kolumbus dann tatsächlich nach reichlich zwei Monaten auf Land stieß, wußte er nicht, daß er einen neuen Erdteil entdeckt hatte. In der Annahme, es sei Indien, nannte er das Gebiet West-Indien. Monika weiß, daß sich dieser Name bis heute erhalten hat, obwohl Indien in Asien und der neuentdeckte Erdteil genau entgegengesetzt auf unserer Erdkugel liegen.

Als Monika nach einer guten Stunde mit ihrem Aufsatz fertig ist, findet sie ihn gut. Vor allem die eine Stelle gefällt ihr: „Die Menschen, die uns am Strande begegneten, waren alle sehr freundlich. In der Körperfarbe gleichen sie den Bewohnern der Kanarischen Inseln; sie sind weder weiß noch schwarz, es sind keine Europäer, aber es sind auch keine Afrikaner. Weil sich viele von ihnen mit roter Farbe bemalt hatten, nannten wir sie Rothäute. Wahrscheinlich sind sie sehr arm, denn sie gehen fast unbekleidet. An Waffen tragen sie Pfeil und Bogen und teilweise lange Speere."

Etwas weiter unten steht dann noch, daß Kolumbus hier auf die Ureinwohner Amerikas gestoßen ist, die dann später Indianer genannt wurden. Als Monika ihren Aufsatz gerade noch einmal durchgelesen hat, kommt Peter ins Zimmer. Sie gibt ihm ihr Werk. Er liest es aufmerksam durch und meint zum Schluß: „Wenn du darauf nicht eine Eins bekommst, weiß ich nicht, wofür die Einsen überhaupt da sind." Da muß Monika lachen: „Eine Zwei genügt mir auch schon." Abends muß auch der Vater den Aufsatz lesen. Er lobt die Tochter und sagt: „Gut, Monika, aber weißt du denn nun auch, wie es mit den Indianern weitergegangen ist?" — „Natürlich, Papi!" antwortet das Mädel, „bald nach der Entdeckung Amerikas sind dann sehr viele Europäer dorthin gekommen, die fast alle nach Gold und anderen Schätzen suchten. Zuerst waren es nur Spanier und Portugiesen, später gingen auch

Franzosen, Engländer und viele Deutsche in den neuentdeckten Erdteil." Peter staunt: „Donnerwetter, wie gelehrt du dich ausdrükken kannst, Monika! Aber was wurde denn aus den Indianern? Es gibt doch auch heute noch Indianer in Amerika." — „Selbstverständlich gibt es die noch dort", antwortet Herr Meyer. „Die europäischen Einwanderer haben die Ureinwohner allerdings nach und nach verdrängt. Die meisten Indianer leben in Südamerika. In Nordamerika sind sie in die sogenannten Reservationen gezogen. Das sind Gebiete, die ihnen durch Verträge als Wohn- und Jagdgebiete zugesichert worden sind. Darin leben die Indianer noch ähnlich wie früher in Zelten. Auch ihre alten Sitten und Gebräuche haben sie dort beibehalten." Monika hat noch eine Frage: „Papi, aber die Indianer leben doch nicht nur in den Reservationen?" — „Nein", bestätigt diesmal Peter, „viele leben auch in den Städten mit den Amerikanern, Kanadiern und Südamerikanern zusammen. Teilweise arbeiten sie auf den großen Farmen als Cowboys, oder sie leben in der Prärie als Jäger und Fallensteller. Das habe ich jedenfalls so gelesen. Papi, was ist eigentlich Prärie?" — „Na, du bist mir einer!" sagt Herr Meyer erstaunt, „wirfst hier mit Ausdrücken herum, die du nicht verstehst. Ich will dir's erklären. Auf einer Amerikakarte mußt du einmal den Mississippi, den längsten Fluß Amerikas, und das Felsengebirge aufsuchen. Dazwischen breitet sich die nordamerikanische Prärie aus. Im Westen ist das Land unfruchtbar, im Osten ist teilweise fruchtbares Ackerbau- und Viehzuchtgebiet." „Hat das Präriehuhn, der Präriehund und der Präriewolf damit etwas zu tun?" fragt Monika dazwischen. Herr Meyer schaut seinen Sohn an: „Na, Peter, was meinst du?" Der antwortet sofort: „Sonst würden sie ja wohl nicht so heißen." Herr Meyer nickt. Dann aber fällt unserem Peter noch etwas ein: „Du, Papi, sind die Eskimos eigentlich auch Indianer?" — Herr Meyer muß einen Augenblick nachdenken, dann meint er: „Nein, ich glaube nicht, aber ich weiß es nicht ganz genau. Laßt uns mal im Lexikon nachsehen." Monika bringt das Lexikon. Peter schlägt auf und liest vor: „Eskimo ist eine indianische Bezeichnung und bedeutet Rohfleischesser. Die Eskimos leben im hohen Norden Amerikas, von Alaska bis zur Insel Grönland. Sie sind wie die Indianer mongolischer Herkunft und vor sehr langer Zeit von Asien her nach Amerika gekommen. Vorwiegend leben sie als Jäger und Fischer in ihren Wohngebieten. Feuerwaffen sind nur wenig verbreitet, meist benutzen sie für Jagd und Fischfang Speere, Harpunen, Schleudern und Bogen. Zur Fortbewegung dienen den Eskimos Hundeschlitten und Boote. Im Winter wohnen sie familienweise in festen Erd- oder Schneehütten, im Sommer leben sie in Zelten aus Fellen. Die Kleidung ist dem kalten Klima angepaßt, sie besteht aus schön verzierten Fellen und Pelzen. Die Bekleidung von Mann und Frau unterscheidet sich nicht." Peter ist am Ende. „Ich glaube, da muß noch ein Bild im Lexikon sein", meint Herr Meyer. Monika hat es schon entdeckt. Vor einer Schneehütte steht eine Eskimofrau mit einem kleinen Kind, das mit einem Tuch auf dem Rücken der Mutter befestigt ist. Monika meint: „Puh, ich friere, wenn ich das sehe. In all dem Eis und Schnee dieses kleine Kind. Hoffentlich ist es in dem Tuche warm genug!" Herr Meyer und Peter müssen lachen. Der Vater steht von seinem Stuhl auf und sagt: „So, Monika, jetzt packe deinen Aufsatz ein, Peter, nimm dir ein Buch vor die Nase, und mich laßt jetzt mal in Ruhe einen Brief schreiben!"

1 **Der Eskimo.** Eskimos und Indianer sind die eingeborene Bevölkerung in Alaska. Die Eskimos leben von Fischfang und Jagd.

2 **die Polarhunde (Eskimohunde),** Doggenart. Haustiere der Eskimos; deren Begleiter auf allen Wanderungen. Widerstandsfähige Schlittenhunde.

3 **der Eskimo im Kajak.** Kajak aus Holzgerippe mit Leder von Seesäugetieren überzogen. Sitzöffnung mit Holzring. Harpune mit ablösbarer Spitze zur Robbenjagd.

4 **der Grönlandeskimo.** Die Lederseite des Pelzes wird nach außen getragen und mit gefärbten Lederstreifen und Stickereien verziert. Kurzer Rock, Kapuze, lange Hosen, Stiefel.

5 **der Seehund,** im Winter an den Atemlöchern im Eis harpuniert, im Sommer im offenen Wasser vom Kajak aus gefangen. Nicht nur Hauptnahrung der Eskimos, auch Fell und Tran (für Lampen) lebensnotwendig.

6 **die Eskimofrau** mit Kind. Die Pelzbekleidung stellen Frauen im Winter her. Felle werden mit Schabern gesäubert, durch Kauen geschmeidig gemacht und mit Nadeln aus Vogelknochen oder Bein genäht.

7 **der Eskimo** bei der Seehundjagd.

8 **das Schneehaus (der oder das Iglu),** aus Schneeblöcken kuppelförmig gebaut. Ein Stück klares Eis bildet das Fenster. Der Eingang ist wegen der Kälte überbaut.

9 **der Totempfahl (Wappenpfahl)** nordwestamerikanischer Indianer. Steht vor dem Haus als eine Art Familienzeichen. Bildliche Darstellung der Ahnengeschichte. Auf der Hinterseite ausgehöhlt; so sind die Pfähle haltbarer.

10 **der Fallensteller,** löst aus einem Falleisen einen Biber. Im Norden Nordamerikas Jagd mit Fallgruben, -stricken und -eisen.

11 **der Holzfäller** im kanadischen Waldgebiet. Holz und Holzerzeugnisse sind ein wichtiges kanadisches Handelsgut.

12 **der Labradoreskimo,** lebt von Robbenjagd, Fischfang und Pelztierfang.

13 **der Trapper** (eigentlich „Fallensteller"), Pelztierjäger in Nordamerika.

14 **der Indianer.** Gelblichbraune Hautfarbe, glattes dunkles Haar, zuweilen Mongolenfalte. Wegen roter Körperbemalung oft Rothäute genannt. Kopfschmuck mit Federn, an den Ärmeln Verzierungen mit Stachelschweinborsten.

15 **das Indianerzelt (Tipi),** kegelförmig, Gerüst aus Stangen, Felle als Bespannung. An der Zeltspitze Wind- und Rauchklappe.

16 **der Nordamerikaner.** Alle Nordamerikaner weißer Hautfarbe stammen von Einwanderern aus Europa ab.

17 **die Karavelle,** Segelschiff früherer Jahrhunderte, von Entdeckern wie Kolumbus benutzt. Stabiler Dreimaster, gutes, wetterfestes Schiff.

18 **der Prärieindianer,** die Federhaube mit Adlerfedern und Perlen als Kopfschmuck. Waffe ist die Streitaxt (der Tomahawk). Die Prärieindianer leben meist in Reservationen.

19 **der Cowboy,** Rinderhirte im Westen Amerikas. Tollkühner Reiter und treffsicherer Lassowerfer.

20 **die Indianerfrau.** Sie trägt in einem breiten Korb Eßwaren auf dem Kopf.

21 **Indianer-Wohnbauten,** aus Stein errichtet, würfelartig aufgetürmt. Ursprünglich ohne Türen, nur mit Leitern und von oben her zu erreichen.

22 **das Rind,** nützlichstes Tier. Milch, Milchprodukte, Fleisch, Leder. In Nordamerika große Rinderherden.

23 **die Hopi-Indianerin** beim Weben. Die Hopis sind seßhafte, landwirtschafttreibende Indianer. Die Frau ist Besitzerin von Haus und Acker. Der Mann zieht ins Haus der Frau, entscheidet aber alle wichtigen Angelegenheiten.

24 **das Schaf,** auf den weiten Wiesen- und Weideflächen hauptsächlich wegen der Wolle gehalten.

25 **der Truthahn (die Truthenne),** Hühnervogel. In Mexiko und dem Süden der USA viel gezüchtet. Schmackhaftes Geflügelfleisch.

26 **der Neger,** beim Baumwollpflücken im Süden Nordamerikas. Akkordarbeit. Die große Hitze können Neger besser ertragen als weiße Arbeiter. Die Baumwolle wird gerupft.

27 **das Badeleben in Florida.** Lange, warme Sommer. Badestrand mit teuren Luxushotels. In Florida große Obst- und Weinkulturen.

28 **der Mexikaner.** In Mexiko gibt es viele Mischlinge aus Indianern und Weißen (Mestizen), schwarzhaarig, braune Haut. Wegen der Hitze meist weiße Kleidung, breitrandige Hüte.

29 **das Motorschiff,** Frachter, Warentransport im Großen Ozean.

30 **eine moderne Kirche** in Mexiko, gebaut auf Ruinen eines alten indianischen Bauwerkes.

31 **die Tempelpyramide,** aus der Zeit des Aztekenreiches (Indianer), das im 14. Jahrhundert sehr mächtig war.

32 **der indianische Bauer** Mittelamerikas, mit mantelähnlichem Umhang und breitrandigem Schlapphut.

33 **der Neger auf Haiti.** Hier leben fast nur Neger.

1
2
3
4
5
6
7
8
5
9
10
11
12
13
14
15
16
17
18
19
20
21
22
23
24
25
26
27
28
29
30
31
32
33

Peter zeichnet Tiere

Peter sitzt im Kinderzimmer über ein Blatt Zeichenpapier gebeugt und versucht, in zwei Zeichnungen den Unterschied zwischen einem Bison und einem Moschusochsen darzustellen. In der Schule ist heute morgen über diese Tiere gesprochen worden. Neben Peters Zeichenpapier liegt ein Notizzettel, auf dem folgendes steht:

Moschusochse:

Heute geschütztes Horntier, das in Grönland und Nordamerika lebt. Hörner nach unten gebogen, kurze Beine, langhaarig, Größe bis 2,50 m, in Rudeln lebend. Bei Angriffen von Raubtieren bildet die Herde zur Abwehr einen Kreis. Der M. ernährt sich von Kräutern und Gräsern.

Bison:

Wildrind, fälschlich als amerikanischer Büffel bezeichnet, früher in amerikanischen Steppen zu Millionen lebend. Jagdtier der Prärieindianer, später durch die eingewanderten weißen „Jäger" fast ausgerottet. Der amerikanische Bison ist heute geschützt. Ein naher Verwandter ist der Wisent. Er ist mit 3,50 m Länge und 1,80 m Höhe größer als der amerikanische Bison und lebte als Waldtier früher in ganz Europa (nicht in Amerika), jetzt aber nur in einem Schutzgebiet und in zoologischen Gärten.

Peter will für seinen Vergleich nur den amerikanischen Bison und den Moschusochsen zeichnen. Er möchte seinem Vater zum Geburtstag eine Zeichnung mit diesen beiden Tieren schenken. Ob sie ihm gelingen wird?

Meistens ist es ja so, daß ein Junge, der etwas besonders Schwieriges vorhat, durch die kleine oder große Schwester in seiner Arbeit gestört wird. Heute geschieht das auch wieder, denn gerade tritt Monika ins Zimmer. „Tag, Peter! Was machst du? — Oooh!" staunt sie, als sie ihrem Bruder über die Schulter sieht. Dann greift sie nach dem Zettel, weiß aber nicht viel damit anzufangen. „Was ist denn das?" fragt sie. Peter fühlt sich sichtlich gestört. Er sieht sie etwas böse an: „Ich glaube, da steht drauf, daß ich jetzt zeichnen möchte." Monika sieht ihren Bruder erstaunt an: „Nanu! Warum bist du denn so ruppig? Ich weiß doch nur nicht, was das hier zu bedeuten hat!" Dabei zeigt sie auf das Wort „Jäger". Peter wird aufmerksam. „Ach so", sagt er, „du weißt nicht, warum dieses Wort mit Anführungsstrichen geschrieben ist?" Monika nickt. Peter denkt eine Weile nach, gibt es dann aber auf: „Das weiß ich auch nicht. Komm, wir wollen Kapitän Hansen fragen." Monika ist sofort dabei, denn sie geht nur zu gern zu dem alten Kapitän. Als die Kinder bei ihm im Wohnzimmer sitzen, fragt er: „Habt ihr etwas Bestimmtes auf dem Herzen, oder kommt ihr nur mal so herüber?" Peter zeigt ihm den Zettel und antwortet: „Das habe ich mir zum Teil in der Schule aufgeschrieben, zum Teil habe ich es aus dem Lexikon." Und dann erzählt er dem Alten, worüber Monika und er gestolpert sind. Kapitän Hansen räuspert sich, stopft seine Pfeife und gibt dicke Rauchwolken von sich. Dann beginnt er, den Kindern den Unterschied zwischen Jäger und „Jäger" klarzumachen. Er sagt: „Wißt ihr, die amerikanische Tierwelt ist sehr mannigfaltig. Es gibt dort viele verschiedene Arten wildlebender Tiere, man kann sie gar nicht alle aufzählen; im Gebirge, auf dem flachen Lande und auch im Meer. Früher, als die Weißen noch nicht in Amerika waren, gab es noch viel mehr Tiere dort. Ganz im hohen Norden, zum Beispiel, gibt es die sonderbarsten und wohl auch die schönsten, so etwa die Polarfüchse, Schneehasen, Eisbären, Eismöwen und Schneegänse. Sie sind alle schneeweiß. Im Norden Nordamerikas leben Elche und die Wapitihirsche. Im Süden und zum Teil im mittleren Nordamerika gibt es außerdem die verschiedenen Raubkatzen, wie den Puma, den Jaguar und den Ozelot. Einige davon sind auch heute noch, vor allem im Norden, in großer Zahl vorhanden." — „Sie haben noch kein einziges Wort über die Jäger gesagt!" wirft Monika ein. Kapitän Hansen meint lächelnd: „Wart es nur ab, das kommt noch! Also, diese Tiere gibt's dort auch noch. Sie sind nicht besonders geschützt, sondern dürfen gejagt werden. Anders ist das aber mit zwei Tierarten." Peter ruft dazwischen: „Dem Bison und dem Moschusochsen!" Kapitän Hansen fragt erstaunt: „Woher weißt du, daß ich die meine?" Dann fällt ihm Peters Zettel ein: „Ach so, die stehen ja auf deinem Zettel. Diese beiden dürfen nicht mehr abgeschossen werden, weil zu viele von ihnen gejagt worden sind. Und das haben die Jäger getan, die in deinem Lexikon mit Anführungsstrichen versehen sind. Damit ist gemeint, daß man sie eigentlich gar nicht Jäger nennen dürfte. Diese Leute, die die Tiere fast ausgerottet haben, sind deshalb keine Jäger, weil sie die Tiere aus reiner Mordlust abknallten und nicht darauf achteten, daß die Tierart erhalten blieb. Jeder echte Jäger sorgt dafür, daß alles Getier, das in seinem Jagdrevier kreucht und fleucht, als Art erhalten bleibt, wenn es sich nicht gerade um Schädlinge handelt." — Das versteht Monika nicht: „ ‚Kreucht und fleucht', was soll das heißen?" fragt sie. „So heißt es in dem deutschen Volkslied: Mit dem Pfeil, dem Bogen", erwidert Kapitän Hansen. „Kreucht und fleucht ist eine sehr alte Ausdrucksweise, es bedeutet dasselbe wie ‚kriecht und fliegt'. Ein Jäger also soll nicht nur jagen und schießen, sondern auch die Tiere in seinem Revier pflegen." Monika hat aufmerksam zugehört. „Jeder Jäger ist ein Pfleger", meint sie schelmisch. Peter und Kapitän Hansen klatschen Beifall zu diesem Reim. Kapitän Hansen sagt sogar: „Siehst du, deinen hübschen Vers hätte man denen sagen müssen, die früher in Amerika fast alle Bisons abgeschossen haben." Peter ist noch nicht ganz zufrieden: „Käpt'n, Sie sagten vorhin, daß das auch für das Meer gilt. Das verstehe ich nicht." „Nanu!" antwortet Kapitän Hansen, „hast du denn noch niemals etwas vom Grönlandwal oder vom Pottwal gehört?" — „Ach ja, richtig", muß Peter zugeben, „auch die Wale dürfen ja heute nicht mehr in unbegrenzter Zahl gefangen werden. Das las ich vor einiger Zeit in unserer Zeitung. — Sind Sie eigentlich auch mal mit einem Walfangdampfer gefahren?" „Nein", antwortet der Kapitän, „das habe ich andern überlassen. Weißt du, auf den Dampfern wird ja gleich Tran gekocht, und ich habe eine empfindliche Nase." Die Kinder bedanken sich bei ihrem Freund. Zum Abschied sagt Kapitän Hansen noch: „Besucht mich bald mal wieder. Ihr könnt auch kommen, wenn ihr nichts zu fragen habt, denn so allein den ganzen Tag ist es ziemlich langweilig."

Peter macht sich sofort wieder an seine Zeichnung, und Monika will ihn heute ganz bestimmt nicht mehr stören.

1
2
3
4
5
6
7
8
9
10
11
12
13
14
15
16
17
18
19
20
21
22
23
24
25
26
27
28
29
30
31
32
33
34
35
36
37
38
39
40

1 **Die Eismöwe,** Federkleid weiß mit hellgrau. Bis 70 cm lang. Lebt in Polarzonen, brütet im Küstengebiet von Alaska.

2 **das Walroß,** Robbe, Meeressäugetier mit Flossenfüßen. Hauerartige Eckzähne. Lebt im Polarmeer, nährt sich von Krebstieren und Muscheln.

3 **der Polarfuchs;** im Winter weißes, im Sommer dunkelgraues bis graubraunes Fell. Nahrung: Vögel und Fische.

4 **der Rieseneich,** gewaltigste Hirschart, 3,20 m lang. Schaufelartiges, gezacktes Geweih, 2 m ausladend.

5 **die Schneegans,** weißer Gänsevogel, Zugvogel des nördlichen Amerika.

6 **der Schneehase,** Säugetier. Schneeweißes Fell, schwarze Ohrspitzen. Lebt von Pflanzen der Arktis.

7 **der Moschusochse (Schafochse),** 2,50 m lang. Langes schwarzbraunes Fell, wulstige Hörner. Lebt in Herden. Geschützt, weil fast ausgerottet.

8 **der Eisbär,** Wasserbär, Raubtier, bis 2,80 m lang. Lebt auf Eisschollen in der nördlichen Polarzone. Vorwiegend Fleischfresser.

9 **der Seehund,** räuberisches Meeressäugetier mit kurzen Flossenfüßen. Guter Schwimmer, an Land unbeholfen. Fischfresser.

10 **der Kormoran,** schwarzer Schwimmvogel. Taucht nach Fischen. Guter Flieger und Schwimmer. Brütet gesellig auf Bäumen.

11 **der Grislybär (Graubär),** größer und stärker als der Braunbär. Raubtier, erdrückt Beute durch Umarmung.

12 **der Wapiti,** Edelhirsch, mächtiges Geweih bis 1,65 m lang. Glatthaarig, schlankgliedrig. Pflanzenfresser.

13 **der Lemming,** hamsterähnliche Wühlmaus, bis 15 cm lang. Pflanzenfresser.

14 **der Silberfuchs;** silbrig schimmernder Pelz, naher Verwandter des Rotfuchses. Einzelgänger, Fleisch- und Pflanzenfresser.

15 **der Grönlandwal,** Bartenwal, Säugetier. Fast ausgestorben. Bis 20 m lang, schwarzblau, unbehaart.

16 **der Biber,** Nagetier. Wassertier, lebt an Flußufern. Geschätzter Pelz.

17 **der Präriewolf,** schakalähnlicher Wolf. Wegen seines „Geheuls" auch Heulwolf genannt. Räuber und Aasfresser.

18 **das Ren (Rentier),** Hirschart, stark behaart. Beide Geschlechter tragen Stangengeweihe. Nahrung: im Sommer Gras, im Winter Rentierflechte.

19 **der amerikanische Seeadler,** Tagraubvogel, bis 90 cm lang, Flügelspannweite 2,40 m. Jagt Schwimmvögel und Fische.

20 **der Bison,** Rinderart, kleine starke Hörner. Lange, weiche Behaarung, am Kopf und Hals als Mähne, am Kinn als Bart verlängert.

21 **der Fischotter,** marderähnliches Raubtier, bis 1,50 m lang. Lebt an Flüssen und Seen; guter Schwimmer, hat verschließbare Ohrmuscheln.

22 **der Luchs,** katzenartiges Raubtier, bis 1 m lang. An den Ohren Haarpinsel, Pupille strichförmig.

23 **der Puma,** katzenartiges Raubtier, bis 1,40 m lang. Fell silbergrau bis rotbraun, lebt von kleinen Säugetieren. Guter Kletterer.

24 **der amerikanische Dachs,** Säugetier, bis 85 cm lang, plump und massig. Nachttier, lebt in Erdbauten.

25 **der Waschbär,** ein Kleinbär, durchstreift Wald und Feld. Bis 70 cm lang. Allesfresser. Er „wäscht" seine Nahrung, daher der Name.

26 **das Präriehuhn,** Hühnervogel, bis 47 cm lang, oben schwarzbraun, unterseits weiß und schwarz gebändert.

27 **das Opossum,** Beutelratte, Baumtier. Bis Rattengröße. Körper gedrungen, Raubtiergebiß. Am Schwanz nacktes Greifende. Geschätztes Pelztier.

28 **das Dickhornschaf,** Wildschaf des Felsengebirges. Nach hinten gebogene Hörner. Guter Kletterer.

29 **der Präriehund,** Nagetier, etwa 40 cm lang, gedrungen, großer Kopf, sehr kurzer Schwanz. Unterirdische Wohnhöhlen. Bellt, daher der Name.

30 **der Virginiahirsch,** rehähnlicher Hirsch, bis 1 m hoch. Gabelig geteiltes Geweih ohne Augsprossen.

31 **der Skunk,** 40 cm langes marderähnliches Raubtier. Im Zorn und in Gefahr verspritzt er übelriechende Flüssigkeit aus Drüsen am After.

32 **der Ozelot,** katzenartiges Raubtier, etwas größer als Hauskatze. Fell gestreift und gefleckt, Grundfarbe rötlich bis gelbgrau.

33 **der Jaguar,** größte Raubkatze Amerikas, bis 2 m lang, lebt an Flußufern und in Sümpfen. Fleischfresser. Fell rotgelb mit Schwarz.

34 **der Alligator,** Panzerechse, bis über 4 m lang, krokodilähnlich. Räuberischer, gefräßiger Süßwasserbewohner.

35 **der Pfeilhecht (Barrakuda),** bis 2 m lang. Gefährlicher Raubfisch.

36 **der Pottwal,** größter Zahnwal, bis 23 m lang. Unbehaartes Meeressäugetier.

37 **die Klapperschlange,** Giftschlange. Am Schwanz bewegliche Hornringe als Reste früherer Häutungen, ergeben beim Schütteln rasselndes Geräusch. Biß oft tödlich.

38 **der Ameisenbär,** bis 1,50 m langes Säugetier. Wurmförmige, klebrige Zunge, mit der er Ameisen fängt.

39 **der Tapir,** Säugetier, bis 2,50 m lang. Lebt im Tropenurwald und in der Grassteppe in Wassernähe. Pflanzenfresser.

40 **die Karettschildkröte,** Seeschildkröte. Bis 1 m langes Kriechtier. Panzer aus schön geflammten Hornplatten (Schildpatt).

Eine interessante Erdkundestunde

Mit Spannung ist Peter heute morgen in die Schule gegangen, und mit Spannung hat auch die ganze Klasse auf das Erscheinen des Erdkundelehrers gewartet. Herr Krause war im vergangenen Jahr einer Einladung nach Amerika gefolgt und hatte dort fast ein Jahr gelebt. Heute soll er nun wieder den Erdkundeunterricht übernehmen. An seine Erdkundeklasse hatte er natürlich einige Briefe geschrieben, aber nun wird er persönlich über alles berichten.

Als Herr Krause das Klassenzimmer betritt, herrscht atemlose Stille. Die Kinder wundern sich zwar, wie viele Kartons ihr Lehrer mitbringt, aber sie wundern sich leise. Vielleicht denkt einer der Jungen: Ob er überhaupt noch deutsch sprechen kann? Natürlich kann er das, und die Jungen merken es auch gleich bei der Begrüßung. Dann aber meldet sich Peter. Herr Krause fragt ihn: „Na, Peter, was möchtest du?" Peter antwortet mit einer Frage: „Sie haben so viele Pakete mitgebracht, sind die alle für uns?" Als Herr Krause mit ja antwortet, staunen die Jungen und Mädchen sehr. Daß ihnen ihr Lehrer, der aus einem fremden Land kommt, etwas mitbringt, damit haben sie nicht gerechnet. Herr Krause lacht: „Da, Peter, pack das mal aus!" Er gibt Peter einen der Kartons. „Von dem Inhalt gibst du jedem ein Stück." Peter tut, was der Lehrer ihm sagt, wird aber beim Verteilen der Sachen immer aufgeregter und hat mit jedem Schüler etwas zu flüstern. Herr Krause meint lächelnd: „Peter, was hast du denn Interessantes mitzuteilen? Du bist ja so aufgeregt!" — „Herr Krause", erwidert Peter halb vorwurfsvoll, „was Sie uns da mitgebracht haben, ist ja gar nicht aus Amerika." — „Wie kommst du denn darauf, Peter?" — „Das hier ist eine Weizenähre", Peter zeigt sie der ganzen Klasse, „und das ist ein Maiskolben, hier habe ich ein Eichenblatt gefunden, und Karl hat ein Tabakblatt in der Hand. All die Sachen sind ja aus unserer Heimat, aus Deutschland." Karl nickt eifrig und unterstützt Peter: „Ja, Peter hat ganz recht." Herr Krause erwidert lachend: „Ihr habt vielleicht gar nicht so unrecht, aber all die Sachen, die ihr da habt, sind wirklich aus Amerika. Ich habe sie selbst dort für euch gekauft oder gepflückt." Erstaunt schweigen die Kinder, und Irmgard meint: „Ich habe geglaubt, in Amerika sei alles ganz anders als bei uns!" Es klingt ein wenig enttäuscht. Auch die andern sind enttäuscht, man sieht es ihren Gesichtern an. Herr Krause fragt in die Stille hinein: „Um diese Pflanzen für euch mitzubringen, hätte ich wohl nicht nach Amerika zu fahren brauchen, wie? Na, dann kann ich ja wieder gehen." Herbert fragt: „Herr Krause, zeigen Sie uns nicht doch noch einen anderen Karton?" Diese Frage klingt aber so, als wenn er nicht mehr allzuviel erwartet. Gerd, der in der letzten Reihe sitzt, meldet sich. Herr Krause sagt: „Na, Gerd?" — „Ja", antwortet der, „ich glaube, daß ich weiß, warum Sie Pflanzen, die wir alle kennen, aus Amerika mitgebracht haben." Nun sind alle gespannt, was Gerd sich dabei gedacht hat. „Ich weiß ja nicht so genau, ob es stimmt", meint er dann bescheiden, „aber meine Mutter sagt immer, es wird überall Brot gebacken, und dazu nimmt man eben auch in Amerika Weizen und Roggen. Vielleicht wollten Sie uns das sagen?" Herr Krause nickt zustimmend: „So ähnlich habe ich es gemeint. Dort, wo ich jetzt ein Jahr gelebt habe, leben alle Menschen ähnlich wie wir hier in Europa. Um euch das zu zeigen, habe ich den Inhalt dieses Kartons mitgebracht. Im zweiten Karton, den bitte Otto öffnet, sind Blätter, Früchte und Teile von Pflanzen enthalten, die ihr nicht so genau kennt." Peter meldet sich: „Gibt es denn nur von Pflanzen zu erzählen?" Er kann seine Neugier nicht bezwingen. Herr Krause ist nicht böse: „Ich werde euch noch in vielen Unterrichtsstunden von Amerika erzählen. Heute habe ich nur ein paar Pflanzen mitgebracht. Sicherlich ist in den Paketen noch viel anderes Sehenswertes, aber heute wollen wir uns mit zwei Paketen begnügen: Otto hat das zweite ja schon ausgepackt und verteilt." Herr Krause geht durch die Tischreihen und nimmt hin und wieder eine Pflanze oder eine Frucht oder auch nur ein Stück einer Pflanze in die Hand, um sie allen Kindern zu zeigen. Dabei erklärt er. Aus dem Süden Nordamerikas und aus Mexiko stammen die sonderbar geformten Kakteengewächse. „In Mittelamerika", erzählt Herr Krause, „gibt es wie im tropischen Afrika Palmen, Zuckerrohr, Bananen und Kakaopflanzen." Die Kinder bewundern die kleinen Kakteenableger, ein Stück von einer Zuckerrohrpflanze und andere Pflanzenteile. Sie erfahren, daß die Mexikaner aus dem Saft der Agave ihr Nationalgetränk herstellen. Auch von Baumwollernten berichtet Herr Krause. Auf riesigen Plantagen arbeiten die Baumwollpflücker, meistens Neger. Die Kinder erfahren auch, daß die Bananen noch ganz grün in Schiffe verladen werden. Sie fragen, wie es denn kommt, daß sie hier gelb ankommen. Otto weiß es, denn sein Onkel hat ein Obstgeschäft: „Die Bananen reifen erst in Lagerhäusern natürlich nach. Selbst wenn sie hier in Europa ausgeladen werden, müssen sie noch völlig grün sein, sonst werden sie weggeworfen." Heinz macht ein ungläubiges Gesicht, als er fragt: „Du willst doch wohl nicht behaupten, daß Bananen beim Ausladen nicht gelb sein dürfen?" — „Doch", antwortet Otto, „sie dürfen wirklich nicht gelb sein. Alle gelben Bananen werden beim Ausladen weggeworfen!" Herr Krause erklärt, daß die reifen Bananen sehr schnell verbraucht werden müssen, weil sie sonst faulen. Darum werden sie während des langen Transportes durch niedrige Temperaturen am Reifen gehindert. Nun glauben die Kinder Ottos Geschichte von den grünen Bananen.

Es klingelt zur Pause. Die Zeit ist wie im Fluge vergangen. Herr Krause fragt noch: „Was sind Bodenschätze?" Sofort sind ein paar Finger oben. Peter kommt dran: „Eisen, Blei ..." Er will noch mehr aufzählen, aber Herr Krause unterbricht ihn: „Richtig, Peter. Von diesen Bodenschätzen erzähle ich euch in der nächsten Erdkundestunde. Vielleicht habt ihr schon einmal gehört oder gelesen, daß Amerika sehr reich an Bodenschätzen ist, es gibt dort unter anderem Gold, Silber, Eisen, Blei, Kupfer und Erdöl. Darüber hört ihr das nächste Mal mehr." Herr Krause verabschiedet sich, und die Jungen und Mädchen erwarten wohl mit Spannung die nächste Erdkundestunde.

1 **Der Polarmohn.** In der Arktis gibt es eine der vielen Mohnarten. Blüte fast farblos (weiß).

2 **die Polarweide,** niedrig wachsender Strauch.

3 **das Wollgras,** Riedgras. Ausdauernde Pflanze, an Stelle der Blütenhülle viele helle Fädchen, die mit der Frucht als Wollschopf abfallen.

4 **die Douglastanne,** rasch wachsender Baum, flache Nadeln, hängende Zapfen. Wertvolles Holz.

5 **das Gold,** Edelmetall, wird durch Auswaschen goldhaltigen Gesteins gewonnen. Verwendung für Schmuck und Münzen.

6 **das Kupfer,** rotes Schwermetall, für elektrische Leitungsdrähte, Bleche, Münzen. In Bergwerken gefördert.

7 **die Erdölgewinnung.** Erdöl ist ein wichtiger Rohstoff, aus dem Benzin, Leuchtöl, Treibstoff für Dieselmotoren, Heiz- und Schmieröl gewonnen werden.

8 **die Fichte,** großer immergrüner Nadelbaum mit geradem, bis 50 m hohem Stamm. Vierkantige Nadeln, hängende Zapfen. Nutzholz.

9 **die Birke,** sommergrüner Baum, bis zur Arktis vordringend.

10 **das Blei,** weiches Schwermetall, das besonders zu Kabelmänteln, Wasserleitungsrohren, Akkumulatoren und Munition verwendet wird.

11 **das Silber,** Edelmetall, Verwendung zu Schmuck und Münzen.

12 **die Weißtanne,** Edeltanne, bis 65 m hoch. Nadeln bandförmig, oben dunkler als unten. Zapfen aufrecht. Wird 350 bis 450 Jahre alt.

13 **das Eisen,** Schwermetall, wichtig für Schwerindustrie.

14 **der Zuckerahorn,** Laubbaum, gegenständige Blätter. Nutzholz. Zucker aus dem Baumsaft.

15 **der Mammutbaum,** Nadelbaum, bis 100 m hoch und 10 m Durchmesser. Kann über 3000 Jahre alt werden. Nadeln breit, abgeflacht. Holz sehr wertvoll.

16 **der Weinstock,** Kletterpflanze. Liebt warme Gebiete, Südhänge. Braucht sorgfältige Pflege. Viele Schädlinge.

17 **die Kohle,** wichtig zum Heizen. In Kraftwerken gewinnt man damit elektrischen Strom.

18 **der Weizen,** Getreidepflanze, bis 1,20 m hoch. Alte Feldpflanze, braucht guten Boden. Wichtige Brotfrucht.

19 **der Tulpenbaum,** gelblichgrüne Blüten in Tulpenform. Kiefernähnliche, stehende Fruchtzapfen. Blätter gelappt.

20 **der Hickory,** mit Walnußbaum verwandt. Schlanke, fettreiche, nahrhafte Frucht. Zähes Holz.

21 **die Pappel,** Weidengewächs. Wächst rasch; weiches, leichtes Holz. Hängende Blütenkätzchen.

22 **die Eiche,** mit Buche verwandt. Die Frucht (Eichel) sehr stärkehaltig. Hartes, wertvolles Holz. Bäume werden sehr alt.

23 **die Tabakpflanze,** Nachtschattengewächs. Blätter groß und breit. Anbau vorwiegend in warmen Ländern. Blätter werden getrocknet und bearbeitet; Tabak.

24 **die Agave,** Liliengewächs. Dicke, fleischige Blätter, deren Fasern verarbeitet werden.

25 **die Yucca,** Liliengewächs, Baum mit Schöpfen schmaler, harter Blätter. Glockige weiße oder gelbliche Blüten in Rispen. Liefert grobe Fasern.

26 **der Reis,** Getreidegras, bis 1,80 m hoch. Schmale, lange Blätter, Früchte in Rispen. Gedeiht auf schwerem, feuchtem Boden.

27 **die Baumwollpflanze,** hoher Strauch, Früchte mit watteartigen Samenhaaren, die zu Baumwollstoffen versponnen und verwebt werden.

28 **der Magnolienbaum,** weiße bis rötliche Blüten in Tulpenform, Fruchtstände zapfenähnlich. Parkbaum.

29 **die Sumpfzypresse** (Sumpfzeder), Nadelbaum, bis 40 m hoch und 3 m dick. Wächst in Sümpfen, bis 1 m hohe Atemwurzeln (ragen über den Boden).

30 **die Mangrove,** immergrüner Laubwald an Salzwasserküsten mit Ebbe und Flut, Stelz- und Atemwurzeln. Bei Flut im Meer, bei Ebbe im Sumpf.

31 **die Opuntie,** strauch- oder baumförmiger Kaktus. Blätter zu Dornen umgebildet, Stamm wasserspeichernd.

32 **der Säulenkaktus,** bis 12 m hoch. Einfacher oder kandelaberartig verzweigter Stamm. Blätter zu Dornen umgebildet.

33 **der Mais,** Getreidegras, bis 2,50 m hoch. Lange, breite Blätter. Fruchtkolben mit vielen Maiskörnern. Verwendung als Viehfutter, Maismehl für menschliche Nahrung.

34 **der Kaffeestrauch,** immergrüner Strauch oder Baum, bis 6 m hoch. In roten Beeren je 2 Samen (Kaffeebohnen).

35 **das Zuckerrohr,** bis 6 m hohes Gras, Zuckergewinnung. Die meisten Zuckerrohrfelder auf der Insel Kuba („Zuckerdose Amerikas").

36 **die Banane,** einjährige Staude, bis 10 m hoch. Blätter bis 2 m lang. Am heruntergebogenen Blütenschopf bis über 100 Bananen.

37 **der Baumfarn,** baumförmiger Farn. Stamm armdick, mehrere Meter hoch. Oben Rosette aus Blättern, die bis 3 m lang sind.

38 **die Kokospalme,** bis 30 m hoch. Vielseitige Verwendungsmöglichkeit: Nuß frisch und getrocknet (Kopra) als fetthaltiger Rohstoff, Fasern der Früchte für Flechtwerk, Bauholz.

39 **die Königspalme,** bis 25 m hoch, unverzweigter Stamm. Schöner und stattlicher Baum.

40 **der Kakaobaum,** gurkenförmige Früchte am Stamm. In jeder Frucht 25—50 bohnenförmige Samen, aus denen Kakao gewonnen wird.

1
4
5
2
3
5
8
9
5
5
6
6
7
5
10
13
8
8
8
12
6
7
11
18
6
5
10
14
6
13
13
5
11
7
8
18
15
7
13
19
20
6
17
33
13
6
7
17
17
21
7
5
10
6
23
16
11
22
17
10
7
28
29
10
11
25
5
24
26
27
7
30
39
6
32
11
31
36
7
36
40
6
33
34
5
11
35
11
23
27
11
5
37
38
34

21 KW–NA

Ein Brief aus Amerika

Peter und Monika sitzen im Zimmer bei ihren Schularbeiten. Da tritt die Mutter ins Zimmer: „Hier, Kinder, Papi hat geschrieben, für euch hat er auch etwas beigelegt." „Das ist ja gar kein richtiger Brief", sagt Monika dann, und auch Peter meint: „Das scheint eher ein Telegramm zu sein."

Auch die Mutter ist neugierig geworden. Sie meint lächelnd: „Es hat mich schon gewundert, daß Vater euch nicht längst so einen Brief geschickt hat. Ich habe früher auch immer solche Briefe bekommen." Da müssen Peter und Monika lachen. „Komm, Monika", sagt Peter, „laß jetzt mal dein Gedicht, ich lasse auch meine Rechenaufgaben, wir wollen versuchen, den Brief zu lesen. Er sieht aus wie ein Bilderrätsel." Monika ist einverstanden. Die Mutter sagt beim Hinausgehen: „Wenn ihr etwas nicht wißt, kommt nur zu mir."
Und dann geht das Rätselraten los. Peter meint: „Die beiden Figuren hier oben, das sind natürlich wir." Er muß dabei lachen, weil die Figuren so komisch sind. „Hol mal den Atlas, damit wir Godthaab finden können!" Nachdem Monika eine Zeitlang über dem ersten Satz des Briefes gebrütet hat, ruft sie plötzlich: „Ich hab's! Der Kopf hier soll Haupt bedeuten, also heißt das ganze Wort Hauptstadt, und Godthaab ist die Hauptstadt Grönlands." — „Prima", meint Peter, „aber nun weiter. Da ist ein Pflug gezeichnet, also heißt das Flug, weil das P weggestrichen ist. Flugzeug bis New York." „Du", sagt Monika nach einigem Nachdenken, „der Kreis mit dem Pfeil soll sicherlich eine Kompaßrose sein, das bedeutet, glaube ich, daß Vater nach Nordwesten gereist ist." — „Das ist mir gleich klar gewesen", unterbricht Peter sie, „aber was soll der komische Hutsalon? — Zeig doch mal die Karte her!" Er schaut auf die Karte, sein Finger fährt von New York aus in nordwestliche Richtung. „Jetzt hab ich's", ruft er. „Paß auf, Monika! Hutsalon und Bad gehören zusammen. Einige Buchstaben sind weggestrichen, einige dafür hingeschrieben, so daß Hudsonbai herauskommt." — „Er ist also mit dem

Auto an der Hudsonbai entlanggefahren bis zu der Stadt in der Nordwestecke der Hudsonbai." Das findet nun wieder Monika heraus. Wie mag die Stadt wohl heißen? Der Atlas hilft, und die beiden wissen nun, daß der Vater bis Churchill gefahren sein muß. Peter ist ratlos: „Jetzt soll mir mal einer sagen, was die Flasche und der Arm hier sollen! — Ah, bei dem Arm kommt der erste Buchstabe dazu, das soll das F sein. Dann heißt es Farm, aber einen Mister Flasche kenne ich nicht. Was mag das sein?" Monika ist etwas schlauer: „Sieh mal, Peter, der Pfeil hier zeigt doch nicht auf die Flasche, sondern auf den Korken. Weißt du, da muß irgendwo Mr. Kork wohnen, von dem Vater schon manchmal erzählt hat." Da geht auch Peter ein Licht auf: „Richtig! Monika, du bist eine kluge Schwester. Mr. Kork hat da eine Geflügelfarm, er besitzt aber auch viel Wald. Das Holz wird mit riesigen Lastautos abgefahren. So etwas hat Papi vor einiger Zeit erzählt." Die Kinder amüsieren sich über den komischen Brief ihres Vaters. Das Lesen macht ihnen viel Spaß. „Der erste Satz nach dem Absatz ist ja leicht", meint Peter. „Ja, der ist ganz einfach", sagt auch Monika. „Im Norden Nordamerikas und in Kanada ist sehr viel Busverkehr, im südlichen und mittleren Nordamerika ist jedoch mehr Eisenbahnverkehr." Nun kommen wieder viele Zeichnungen. Die Busse und Eisenbahnen deuten die Kinder sofort richtig, aber was die Leiter bedeuten soll, wissen sie nicht, bis Peter die gestrichene 1 und das w bemerkt. „Das heißt weiter!" ruft er. „Aber was soll das Schwein mit den Ferkeln?" Monika behauptet: „Das ist kein Schwein, sondern eine Sau, weil sie nämlich Ferkel hat." — „Ah, dann weiß ich Bescheid!" sagt Peter, „das u ist weggestrichen, dafür soll ein n stehen. Ist ja ganz klar, das heißt San Franzisko." Gleich ist sein Finger wieder auf der Landkarte, um die Stadt zu suchen. Monika hilft ihm dabei und findet sie sogar zuerst. „Hier, an der Westküste Amerikas liegt San Franzisko!" ruft sie. Peter schaut sich die Karte noch eine Weile an, aber Monika hat sich schon wieder dem Brief zugewandt. Der Junge meint: „Das ist aber eine lange Reise! Mitten durch das Felsengebirge ist Papi gefahren. Donnerwetter, da hätte ich dabei sein mögen!" Monika, die schon mit den nächsten Wörtern beschäftigt ist, sagt tadelnd: „Sieh mal, hier hat Vater sich aber verschrieben. Da steht, ‚herzliche Fahrt durch schöne Gebirgsgegend'." Peter schaut auf den Brief: „Aber Monika, siehst du denn nicht, daß das z durchgestrichen ist? Dafür steht ein r da, denn herrlich wird ja mit zwei r geschrieben." Monika sagt kleinlaut: „Ach ja, stimmt." Dann kommen die zwei letzten Zeilen. Auch die entziffern die Kinder. „Herzliche Grüße Euer Papi. Bald mehr." Über das Männchen, das den Vater darstellt, müssen Peter und Monika sehr lachen. „So, nun lies noch einmal den ganzen Brief!" sagt Peter, aber Monika meint: „Komm, wir gehen damit zu Mami." In der Küche liest Monika vor: „Liebe Kinder! Über Godthaab, die Hauptstadt Grönlands, im Flugzeug bis New York. Dann in nordwestlicher Richtung an der Hudsonbai entlang mit einem Auto nach Churchill. Danach Fahrt zur Farm von Mister Kork.

Im Norden Nordamerikas viel Autoverkehr, im mittleren und südlichen Nordamerika mehr Eisenbahnverkehr. Teils mit der Eisenbahn, teils mit dem Bus weiter nach San Franzisko. Herrliche Fahrt durch wunderschöne Gebirgsgegend. Viele herzliche Grüße Euer Papi. Bald mehr."

Alle drei freuen sich. Peter meint: „Zuletzt hast du ja selber ein bißchen hinzugedichtet, aber solche Briefe kann Papi öfter schreiben."

ASIEN
NÖRDLICHES EISMEER
7
8
A
10
9
Godthåb
6
B
4
Fairbanks
1
Seward
5
11
3
12
C
13
Churchill
14
Burnt Creek
15
Dawson Creek
2
Edmonton
16
Calgary
17
18
Winnipeg
19
20
Halifax
21
Duluth
Montreal
Seattle
Portland
22
STILLER
OZEAN
23
Chicago
24
New York
D
Denver
26
29
27
San Francisco
25
Washington
St. Louis
31
ATLANTISCHER OZEAN
Los Angeles
30
28
El Paso
Atlanta
Ciudad Juárez
32
Jacksonville
33
New Orleans
Houston
15
Miami
E
Havanna
M
35
N
O
Q
37
P
Veracruz
38
Mexiko
34
H
F
Guatemala
I
G
J
Barranquilla
K
L
Panama
36
SÜDAMERIKA

1 **Die Grenze.** Sie trennt die einzelnen Staaten voneinander. An den Grenzen entlang stehen meistens Grenzsteine.

2 **die Eisenbahn,** mit ihrem dichten Verkehrsnetz ein wichtiges Transportmittel in den USA.

3 **die Autostraße,** ein wichtiger Verbindungsweg in den von der Eisenbahn noch nicht erschlossenen Gebieten; Fernverkehrsstraße.

4 **der Yukon,** 3 700 km langer Strom in Alaska, sieben Monate im Jahr zugefroren.

5 **der Mackenzie,** großer Strom in Nordwestkanada, 4 600 km lang, davon 2 100 km schiffbar.

6 **die Beringstraße,** Meeresstraße zwischen Nordamerika und Asien, 75 bis 90 km breit.

7 **die Polarhunde,** als Schlittenhunde in den Polargebieten wegen ihrer Kraft, Ausdauer und Genügsamkeit besonders bewährt.

8 **die ständige meteorologische Station,** eine weit nach Norden vorgeschobene Wetterbeobachtungsstelle.

9 **Godthåb,** Hauptort Grönlands, Hafen, Flugplatz.

10 **Island,** Insel zwischen Grönland und Großbritannien, die zum Erdteil Europa gehört.

11 **der Große Bärensee,** inselreicher See, neun Monate im Jahr zugefroren.

12 **der Große Sklavensee,** sieben Monate im Jahr zugefroren. Abfluß durch den Mackenzie.

13 **der Holztransport.** Das in den großen Wäldern Kanadas geschlagene Holz wird zur nächsten Sammelstelle gebracht.

14 **die Hudsonbai,** ein flaches Binnenmeer, vom Juli bis zum Oktober eisfrei.

15 **das Flugzeug.** Zahlreiche internationale Luftlinien ermöglichen eine schnelle Verbindung zwischen den großen Städten und nach anderen Erdteilen.

16 **Seattle,** Hafenstadt an der amerikanischen Westküste, Schiffbau, Flugzeugindustrie.

17 **der Großspeicher,** ein großer Behälter zur Aufbewahrung von Weizen und anderen Massengütern.

18 **der Missouri,** größter Nebenfluß des Mississippi, 4040 km lang.

19 **die Getreidemühle,** ein Betrieb, in dem mit modernen Maschinen die Getreidekörner zermahlen werden.

20 **der Sankt-Lorenz-Strom,** 1200 km langer, schiffbarer Strom, verbindet den Atlantischen Ozean mit dem Ontariosee.

21 **Duluth,** Industriestadt mit bedeutendem Umschlaghafen am Westende des Oberen Sees.

22 **die Großen Seen,** eine Kette von sehr großen Seen, gebildet vom Oberen See, Michigansee, Huronsee, Eriesee und Ontariosee. Diese fünf zusammenhängenden Seen sind durch den Sankt-Lorenz-Strom mit dem Atlantischen Ozean verbunden; ein bedeutender Schiffahrtsweg, auch für Seeschiffe befahrbar.

23 **Chicago,** zweitgrößte Stadt der USA und bedeutendster Handelsplatz für Getreide, Vieh, Holz, Eisen und Stahl; wichtiger Verkehrsknotenpunkt. Großschlächtereien, Industrie.

24 **New York,** größte Stadt und größter Hafenplatz der Erde mit riesigen Hochhäusern (bis 380 m hoch); zahlreiche Industrien, Schiffbau, Eisenbahnknotenpunkt, Flughäfen.

25 **Washington,** die Bundeshauptstadt der USA mit dem Weißen Haus, dem Amtssitz des Präsidenten.

26 **das Handelsschiff.** Es übernimmt den Warentransport von den Hafenstädten nach anderen Erdteilen.

27 **San Franzisko,** wichtiger Hafen- und Handelsplatz.

28 **Los Angeles,** Industrie- und Hafenstadt am Stillen Ozean.

29 **Denver,** Stadt im mittleren Teil der USA, Viehmarkt, Fleischkonserven-, Maschinenindustrie.

30 **der Mähdrescher,** eine moderne Erntemaschine.

31 **Saint Louis,** Stadt am Mississippi, wichtiger Handelsplatz für Weizen, Mais, Vieh, Wolle und Holz.

32 **Houston,** Stadt im Süden der USA, Baumwoll- und Erdölindustrie.

33 **das Großtankschiff,** ein mit großen Öltanks ausgerüstetes Schiff zum Transport von Erdöl.

34 **Mexiko,** Hauptstadt des Staates Mexiko.

35 **der Golf von Mexiko.**

36 **der Panamakanal,** wichtiger Schiffahrtskanal an der schmalsten Stelle von Mittelamerika.

37 **die Großen Antillen,** vier große Inseln zwischen Nord- und Südamerika.

38 **das Karibische Meer.**

39 **die Mündung des Mississippi.** Der Mississippi ist mit 3750 km der drittlängste Strom der Erde.

A	=	Grönland (dänisch)
B	=	Alaska (zu USA)
C	=	Kanada
D	=	Vereinigte Staaten von Nordamerika (USA)
E	=	Mexiko
E-L	=	Mittelamerika
F	=	Guatemala
G	=	El Salvador
H	=	Britisch-Honduras
I	=	Honduras
J	=	Nicaragua
K	=	Costa Rica
L	=	Panama
M-P	=	Große Antillen
M	=	Kuba
N	=	Haiti
O	=	Dominikanische Republik
P	=	Jamaika
Q	=	Puerto Rico (zu USA)

Ein rätselhafter Brief

Wir wissen schon, daß Herr Meyer wieder einmal auf Reisen ist. Peter und Monika haben ihm das Versprechen abgenommen, jede Woche einmal zu schreiben. Leider hat diesmal keins der Kinder mitfahren können, weil die Reise länger als drei Monate dauern soll. Heute ist nun wieder ein Brief gekommen. Peter hat ihn gleich nach der Schule auf seinem Schreibtisch gefunden. Er liest ihn sofort, dann schüttelt er den Kopf, denn er kann aus den Worten des Vaters nicht recht klug werden. Auf dem Blatt Papier sind noch einige Zeichnungen des Vaters, so daß der Brief wie ein Kreuzworträtsel aussieht. Peter zeigt Monika den Brief, aber auch sie kann nichts Rechtes damit anfangen. „Also", sagt der Junge dann zu seiner Schwester, „ich sehe, daß du ihn auch nicht entziffern kannst. Laß uns nach dem Essen zum Käpt'n gehen, vielleicht kann er uns helfen."

So geschieht es. Kapitän Hansen besieht sich den Brief von allen Seiten, dann lächelt er: „Peter, weißt du denn, woher der Brief kommt?" — „Nein", antwortet Peter, aber Monika greift sofort nach dem Umschlag: „Es ist ein Luftpostbrief, der in Rio de Janeiro aufgegeben worden ist." — „Aha", macht der Käpt'n und holt einen Atlas aus dem Regal, „ihr müßt wissen, daß Rio de Janeiro die zweitgrößte Stadt Brasiliens und die drittgrößte Südamerikas ist. Wichtiger Flughafen, Schiffsverkehr nach und von Europa, in der Nähe der ‚Zuckerhut' und so weiter, aber das ist nun nicht so wichtig, jetzt wollen wir uns den ulkigen Brief etwas genauer ansehen." Damit greift der Kapitän nach dem Brief und beginnt, ihn zu studieren. Natürlich ist Herr Hansen längst wieder in dichte Qualmwolken gehüllt:

„Ich habe alles verstanden", sagt Kapitän

Liebe Kinder! Liebe Mami!
Rio d. J.; aufwärts Amazonas,
1. Expedition – viele Einheimische
gesehen, die  *wohnen,*
leben teilweise primitiv.
Bringe  *eines bras. Ind.*
mit. 2. Exped. im S. Bras., wo mehr
Weiße, Haustiere wie Eur. Feuer-
land: Bootsindianer, die Sammler, Fischer und Jäger sind,
Hütten. Bekanntschaft mit
Gaucho erneuert. 3. Expedition per
 *Valparaiso, wei-*
ter nach Santiago, spuckendes
Tier gekauft.
Viele liebe Grüße
ABC

Hansen, „euer Vater hat euch hier einen Brief geschrieben, aus dem ihr allerhand lernen könnt. Soll ich euch dabei helfen?" Peter und Monika nicken eifrig. Kapitän Hansen meint: „Am besten ist es, wenn wir uns einen Satz nach dem andern vornehmen. Daß euer Vater diesen Brief in Rio de Janeiro abgeschickt hat, hat Monika schon festgestellt. Das steht auch im ersten Teil des Briefes.

Nun aber weiter. Was bedeutet denn Amazonas und was bedeutet Expedition?" Peter weiß

Bescheid: „Der Amazonas ist der größte Strom Amerikas, er führt sehr viel Wasser, an den Ufern findet man dichte Urwälder." — „Und eine Expedition ist ein Erkundungsausflug", wirft Monika ein. Peter hat sich schnell alles zusammengereimt: „Also hat Vater die erste Expedition mit einem Schiff den Amazonas aufwärts unternommen. Die Zeichnungen hier bedeuten Hütten und Urwald." — „Ja, jetzt verstehe ich das auch", meint Monika, „er hat auf seinem Erkundungsausflug viele einheimische Bewohner Brasiliens gesehen, die in diesen Hütten sehr einfach leben." Peter wird immer eifriger: „Weil er Pfeil und Bogen eines brasilianischen Indianers mitbringen will, sind diese Einheimischen wohl Indianer." Kapitän Hansen lächelt vor sich hin und brummt: „Wozu braucht ihr mich überhaupt noch?" — „Käpt'n, da kommen noch so ein paar Abkürzungen, mit denen wir nichts anfangen können. Das S. da zum Beipiel und Eur.", meint Peter. Aber da schaltet sich Monika ein: „Das ist mir schon klargeworden. Die zweite Expedition ging nach dem Süden Brasiliens. Dort leben mehr Weiße als Indianer, die wohl etwa die gleichen Haustiere haben wie wir in Europa, denn Eur. bedeutet natürlich Europa." — „Ja, das kann sein", sagt Peter nachdenklich, „und die wichtigsten Haustiere sind bei uns Kühe, Schafe, Schweine und Pferde. Was kommt aber dann?" — Kapitän Hansen zeigt auf die Karte im Atlas: „Hier ist ein Gebiet ganz im Süden Südamerikas, das Feuerland heißt. Dort leben die sogenannten Bootsindianer. Wohnungen haben sie kaum. Meist haben sie nur Windschirme. Das sind kleine Wände aus Reisig und Gräsern, die so gestellt werden, daß in ihrem Schutz ein Feuer brennen kann und die Menschen den Wind nicht so stark spüren." Da geht Peter wieder ein Licht auf: „Ah, nun weiß ich wieder weiter. Die Feuerländer sind nämlich Jäger und Fischer und Sammler. Aber was sammeln sie denn?" Da lacht Monika laut heraus: „Die sammeln keine Briefmarken oder Bierdeckel! Sie heißen Sammler, weil sie Früchte in Wald und Feld sammeln und sich davon ernähren." Über die Briefmarken und Bierdeckel muß auch Kapitän Hansen lachen: „Was hat es aber nun mit dem Gaucho auf sich? Ich denke mir, er hat jemanden getroffen, der als Viehhirte irgendwo in Argentinien arbeitet. Diese Viehhirten nennt man nämlich Gauchos." — „Ja, und nun kommt die dritte Expedition", sagt Peter fragend. „Das ist doch nun wirklich einfach", murmelt Monika, dann spricht sie lauter: „Papi ist mit einem Schiff nach Valparaiso und von dort nach Santiago gefahren. Beides liegt in Chile." — „Und dort haben sie irgendwo ein Lama gekauft", fährt Peter fort. „Prima, nun wissen wir ja Bescheid. Haben Sie vielen Dank, Käpt'n. Das war wirklich ein interessanter Brief." — „Halt, halt! Wir sind noch nicht fertig, mein Sohn. Immer hübsch alles nach der Reihe." Die Kinder blicken den bärtigen Alten ganz erstaunt an und fragen wie aus einem Munde: „Wieso?" — „Nun guckt doch mal genau hin, da stehen noch drei Buchstaben." Da bemerken auch Peter und Monika die drei Buchstaben ABC. Sie schauen ihren alten Freund fragend an. Der lacht: „Na, nun überlegt mal, in welchen Ländern euer Vater auf diesen drei Expeditionen gewesen ist." Die Kinder denken nach. Peter hat sogar ein paar Falten auf der Stirn, und Monika hat ihren Kopf in die Hand gestützt. Lange gehen sie mit sich zu Rate. Endlich ruft Peter: „Ich hab's! Das sind die Anfangsbuchstaben von Argentinien, Brasilien und Chile!" — „Ja, richtig!" sagt Kapitän Hansen lachend und freut sich, daß Peter die Bedeutung der drei Buchstaben ABC fast allein herausbekommen hat.

1 **Der Ozeandampfer,** befördert Frachten und Reisende über die Ozeane.

2 **der Mischling.** Mischlinge sind Menschen, die von Vorfahren verschiedener Hautfarbe abstammen. Wenn zum Beispiel ein weißer Mann eine Indianerin geheiratet hat (oder umgekehrt ein Indianer eine weiße Frau), so sind die Kinder und Enkelkinder Mischlinge. Auch die gemeinsamen Nachkommen von Weißen und Negern sind Mischlinge. Die Indianermischlinge heißen Mestizen, die Negermischlinge Mulatten.

3 **der Pfahlbau,** in Guayana. Wegen des sumpfigen Bodens errichten die Indianer, die hier leben, ihre Wohnhütten auf hohen Pfählen. Gleichzeitig Schutz gegen Tiere.

4 **der Indianer aus dem Hochland (von Kolumbien),** in alter Tracht mit Rundschild, Speer und Zahnkette. Ehe die Europäer ins Land kamen, lebten die Indianer des Hochlandes zwischen Kolumbien, Peru und Chile schon in Städten und Dörfern mit Steinhäusern. Sie hatten gute Straßen angelegt und kunstvolle Tempel gebaut, bestellten ihre Felder mit der Hacke, hatten Handwerker, Priester und Künstler. Sie waren besonders kunstfertige Töpfer und Goldschmiede. Aber den Pflug kannten sie noch nicht. Auch das Rad war ihnen nicht bekannt. Die meisten dieser Indianer lebten in dem mächtigen Inkareich.

5 **die Indianerin aus dem Hochland,** hat straffes, dunkles Haar.

6 **der Indianer aus dem Hochland (von Westbrasilien),** mit Stirnband, Tasche und mantelartigem Umhang. Indianer dieses Gebietes schätzen den Hund als Begleiter und Haustier.

7 **der Urwaldindianer vom Tupi-Stamm.** Diese Indianer leben in den großen Urwäldern am Amazonas und seinen Nebenströmen. Sie gehen fast nackt, wohnen in Hütten (darin Hängematten). Manche haben auch große Gemeinschaftshäuser. Auf der Jagd benutzen viele das Blasrohr. Der Pfeil wird in das Rohr gesteckt, meist sind die Pfeilspitzen vergiftet.

8 **die Urwaldindianerin vom Tupi-Stamm,** stampft in irdenem Gefäß die Knollen des Maniok zu Mehl. Der Maniok ist ein Strauch mit Knollenwurzeln; die Tupis bauen ihn bei ihren Hütten an.

9 **der Indianer vom Tupi-Stamm an der Küste,** hier beim Fischfang mit Pfeil und Bogen. Alle Tupis sind Jäger und Fischer. Die Pfeilspitze ist meist ein scharfes zweischneidiges Bambusmesser, manchmal eine Holzspitze mit Widerhaken.

10 **Indianerin vom Bergland nahe der Ostküste.** Das einzige Kleidungsstück ist der Bastschurz. Das Kind hockt auf der Hüfte der Mutter und wird von einem Tragband gehalten. Die Indianer dieser Gegend haben als Waffe nur Pfeil und Bogen. Sie tragen als Schmuck Pflöcke in ihren Lippen.

11 **das Tongefäß.** In Peru werden jetzt oft Tongefäße aus der Zeit des Inkareiches (siehe Nr. 4!) gefunden.

12 **das Lama,** ist eine besondere Art des Kamels, hat aber keinen Höcker. Es war das einzige große Haustier, das die Indianer besaßen, ehe die Europäer ins Land kamen.

13 **das Indianermädchen aus dem Hochland** beim Tanz.

14 **das Gemeinschaftshaus** der Tupis. Es bietet oft Unterkunft für 100 Personen. In verschiedenen Formen: kreisrund, oval und viereckig. Im Innern ist es durch niedrige Zwischenwände unterteilt.

15 **der Urwaldindianer** eines Jäger- und Fischerstammes im Osten. Baut keine Feldfrüchte an. Die Frauen sammeln Früchte. Der Mann auf dem Bild ist für ein Fest zum Tanz geschmückt. Mit Daunen verschiedener Vögel und Eierschalen beklebt.

16 **die Indianerin von der Küste** (siehe Nr. 10!). Auf dem Rücken trägt sie eine Last, die sie mit einem Stirnband hält.

17 **der Lamahirt** aus Bolivien. Er bläst eine Flöte.

18 **der Urwaldindianer** in Nordargentinien und Paraguay (Gran Chaco) mit Pfeil und Bogen. Lebt ganz einfach (siehe Nr. 15!).

19 **das Pferd,** ist als Reittier der Rinderhirten, vor allem in Argentinien, unentbehrlich. In manchen Gegenden sind Pferde verwildert und durchstreifen selbständig das Grasland (Pampas). Sie werden Mustangs genannt.

20 **der Gaucho,** berittener Viehhüter, meist Rinderhirt. Als tollkühner Reiter bekannt (wie in Nordamerika der Cowboy). Fängt Rinder und Pferde oft mit dem Lasso ein.

21 **der Hochlandindianer** in Chile, mit Umhang: Poncho. Eckiges Stück Stoff mit einem Schlitz, durch den der Kopf gesteckt wird. Bunt, meist gestreift. Auch Gauchos tragen den Poncho.

22 **die Araukanerin,** eine Indianerin aus dem Süden des Erdteils. Kleid aus Lamawolle, an der Schulter mit einer Spange zusammengehalten. Der Gürtel ist reich geschmückt. Die Araukaner sind hauptsächlich Ackerbauern: Mais, Kartoffeln. Sie sind gute Töpfer und stellen Silberschmuck her.

23 **das Rind.** In den Grasländern (Pampas) im Süden des Erdteils weiden riesige Rinderherden. Rinder, Pferde, Schafe, Ziegen haben erst die Europäer ins Land gebracht. Die Rinderherden sind oft viele tausend Tiere stark. Sie liefern vor allem Fleisch, Häute, Felle.

24 **das Schaf.** In Argentinien weiden riesige Schafherden. Die meiste Wolle wird in andere Länder verkauft.

25 **der Patagonier,** Indianer eines Stammes, der im Süden des Erdteils am Ostabhang des großen Gebirges (Anden) wohnt.

26 **der Feuerländer,** Eingeborener auf der Insel Feuerland ganz im Süden des Erdteils, hier Bogenschütze mit dreieckiger Pelzmütze und Guanakofelldecke bekleidet. Es leben nur noch ungefähr 200 Feuerländer, sie sind Jäger und Sammler.

27 **das Segelschiff.** Mit solchen Schiffen kamen die ersten Europäer nach Amerika.

1
2
3
4
5
6
7
8
9
10
11
12
13
14
15
16
17
18
19
20
21
22
23
24
25
26
27
1

Peter und Monika besuchen ihren alten Freund

Ich könnte eigentlich wieder einmal zu Kapitän Hansen gehen, denkt Peter, als er nachmittags mit seinen Schularbeiten fertig ist. Er hat alles noch einmal durchgelesen, die Hefte weggeräumt und verläßt das Haus. Unterwegs trifft er seine Schwester, die sich ihm sogleich anschließt. Dann sitzen die Kinder im gemütlichen Wohnzimmer des Kapitäns, der selbstverständlich wieder seine Pfeife schmaucht. „Tja, Kinder", brummt der Alte, „da seid ihr ja wieder. Nun erzählt mir bitte, was euer Vater schreibt. Der ist ja ein richtiger Weltreisender geworden." Peter erzählt: „Vater ist im Augenblick in Südamerika. Zuletzt hat er aus Montevideo geschrieben, daß er in etwa vier Wochen nach Hause kommt. Den Brief vorher aus Rio de Janeiro haben wir ja hier bei Ihnen gelesen." — „So, so", murmelt Kapitän Hansen, dann wird er lauter: „In Montevideo war ich auch schon, aber das ist sehr lange her. Ich kann euch nachher noch davon erzählen. Jetzt seid ihr erst dran. Was hat denn der Vater noch geschrieben?" Die Kinder denken eine Weile nach, denn den Inhalt von Briefen vergißt man meist sehr rasch. Monika fällt etwas ein: „Papi hat über Buenos Aires und Santiago de Chile geschrieben." Da weiß auch Peter wieder Bescheid. Er berichtet: „Jetzt weiß ich es wieder, Käpt'n. Also, Vater und die anderen Expeditionsteilnehmer sind in Südamerika meist mit Autos und Lastwagen unterwegs gewesen, um Tiere zu fangen. Zuletzt haben sie dann Südamerika von Santiago bis Buenos Aires mit der Bahn durchquert. Ich entsinne mich, daß Papi geschrieben hat: ‚Wir konnten den Rückweg von Santiago an den Atlantischen Ozean mit der Eisenbahn machen. Im südlichen Teil gibt es einige Strecken, die durch den ganzen Kontinent führen, im Norden gibt es die nicht. Dafür sind die Autostraßen sehr ordentlich.' Mit dem Auto hat Vater dann auch noch eine Fahrt nach Montevideo gemacht. Von dort kam der letzte Brief." „Aha", meint der Kapitän, „dann gibt es anscheinend immer noch so wenig Eisenbahnen. Als ich vor etlichen Jahren dort unten war, mußte ich dasselbe feststellen. Weil das Auto damals noch nicht so verbreitet war, mußten wir uns, wenn wir ins Landesinnere wollten, einer Lamakarawane anschließen." „Puh", unterbricht Monika den Kapitän, „die Lamas spukken doch, nicht wahr?" Kapitän Hansen lacht: „Ja, das soll vorkommen. Na, und was hat Vater sonst noch geschrieben?" Peter antwortet: „Er hat von Montevideo aus eine Seefahrt mitgemacht." „Was?" unterbricht Kapitän Hansen den Jungen, „eine Seefahrt? Warum denn das? Das kann er doch noch genügend haben, wenn er wieder nach Hause kommt!" — „Nein, nein, Käpt'n", erklärt Peter, „er hat keine Vergnügungsreise unternommen, sondern er wollte einmal beim Walfang dabei sein." — „Ach so", meint der Kapitän beruhigt, „ja, das ist auch sehr interessant. Das laßt euch mal von ihm erzählen. Um Kap Hoorn ist er dabei wohl nicht herumgeschippert?" — Peter weiß es nicht, aber der Kapitän erzählt auch schon weiter: „Ich habe meine Schiffsjungenzeit ja noch auf einem der alten Windjammer abgedient. Ihr wißt wohl, daß die Segelschiffe auch Windjammer genannt werden?" Die Kinder nicken, und er fährt fort: „Damals sind wir dann auch zweimal um Kap Hoorn herumgesegelt. Das eine Mal war es sehr stürmisch. Ich dachte schon, wir würden mit Mann und Maus untergehen. Die Umschiffung von Kap Hoorn war damals sehr gefürchtet, weil das eine sehr windige Ecke ist." Peter unterbricht den Alten:

„Das ist doch gar nicht nötig, weil eine Meeresstraße gefunden wurde, die den Weg abkürzt." „Stimmt, mein Junge, das war im Jahre 1520, als Magalhães diesen Weg fand, der seinen Namen trägt." Jetzt wird Monika munter: „Käpt'n, das verstehe ich nicht ganz. Warum sind Sie denn damals mit Ihrem Windjammer nicht auch durch die Magalhãesstraße gefahren? Warum haben Sie als Schiffsjunge die gefährliche Fahrt um Kap Hoorn gemacht?" „Ja, weißt du, Monika, das haben die Kapitäne der Windjammer damals gemacht, weil sie ihre Schiffsjungen auch einmal in der Gefahr kennenlernen wollten. Jeder Seemann muß eine solche Gefahrenprobe einmal durchstehen. Früher hat man gesagt, wer als Schiffsjunge nicht um Kap Hoorn gesegelt ist, ist kein richtiger Seemann. Heute ist das natürlich anders, denn wir haben ja kaum noch Windjammer." Peter ist etwas eingefallen: „Wenn man sich heute den Weg um Kap Hoorn oder durch die Magalhãesstraße sparen will, kann man ja einen sehr viel kürzeren Weg nehmen. Seit etwa 50 Jahren fahren viele Schiffe durch den Panamakanal." Kapitän Hansen geht an das Bücherregal und kommt mit seinem großen Atlas wieder. Er schlägt eine Karte von Südamerika auf. Die Kinder beugen sich über die Karte. Monika ist mit ihrem Finger bereits beim Panamakanal. „Donnerwetter!" meint Peter, „wenn ich mir vorstelle, daß es vor gar nicht langer Zeit den Panamakanal noch nicht gegeben hat! Die Entfernung um Südamerika herum ist doch unwahrscheinlich groß. Es muß ja ewig dauern, bis ein Schiff da herumgefahren ist." Kapitän Hansen lacht: „Ja, das kommt einem auch wie eine Ewigkeit vor, wenn man unterwegs ist. Stellt euch einmal vor, ein Schiff aus Europa wollte früher bis zur Westküste Nordamerikas. Es mußte erst über den Atlantischen Ozean, um Südamerika herum — oder durch die Magalhãesstraße — und dann westlich von Amerika Kurs Nord bis zum Ziel." Die Kinder fahren mit dem Finger die weite Strecke auf der Karte entlang. „Na, besten Dank!" meint Peter. Der Kapitän lächelt: „Übrigens hat vor mehr als 400 Jahren etwa dort, wo heute der Panamakanal fließt, ein tatkräftiger Mann mit vielen Soldaten dieses Gebiet auf dem Landwege durchquert. Er war Spanier und ging mit seinen Leuten im Osten an Land. Nach unsagbaren Mühen, er mußte ja schließlich ein gewaltiges Gebirge überqueren, erreichte er endlich das große Meer, das er Südsee nannte. Der gewaltige Ozean westlich von Amerika, der Pazifik, Großer Ozean oder Stiller Ozean genannt wird, wurde damals von dem Spanier als Südsee bezeichnet." Der Kapitän zündet sich eine neue Pfeife an, aber Peter und Monika brechen wieder auf. Sie verabschieden sich von ihrem alten Freund. Unterwegs meint Peter zu seiner Schwester: „Es macht immer viel Spaß, dem Käpt'n zuzuhören. Er weiß so viel und hat viel erlebt." Monika ist derselben Meinung.

V
W
X
Y
Z
8
34
N
O
P
Q
R
S
T
U
Guatemala
2
Maracaibo
5
Caracas
6
7
Panama
9
B
11
Georgetown
Paramaribo
Cayenne
C
D
E
1
A
2
Buenaventura
Bogotá
10
3
Quito
G
Guayaquil
7
Macapá
Belém
14
13
Manaus
12
Iquitos
Fortaleza
19
15
16
17
18
2
22
Recife
H
San Antonio
Maceió
Guajará Mirim
20
Lima
Cuzco
F
21
4
Brasilia
Salvador
I
Goiânia
Cuiaba
Arequipa
La Paz
23
Teófilo Otoni
Arica
Sucre
STILLER
J
K
25
26
27
Antofagasta
24
Salta
Asunción
São Paulo
Rio de Janeiro
28
Tucumán
OZEAN
29
Santiago de Chile
M
31
Pôrto Alegre
Buenos Aires
30
Montevideo
7
Bahía Blanca
32
Puerto Montt
L
Comodoro Rivadavia
33
Ushuaia
ATLANTISCHER OZEAN

1 **Die Grenze,** eine durch Grenzzeichen markierte Linie, die das Gebiet eines Staates von benachbarten Staatsgebieten trennt.

2 **das Flugzeug,** das modernste und schnellste Verkehrsmittel zur Überwindung der großen Entfernungen im Landesinnern sowie im Verkehr mit anderen Erdteilen.

3 **die Autostraße,** ein wichtiger Verkehrsweg, für viele Gebiete oft die einzige Verbindung zur Küste oder zur nächsten Bahnlinie.

4 **die Eisenbahn,** sie verbindet die Hafenstädte der Ostküste mit den Hafenstädten der Westküste. Mehrere Strecken; sie überqueren das Hochgebirge (Anden). Einzelne Bahnlinien führen zu den Hauptanbaugebieten im Landesinnern.

5 **Maracaibo,** Stadt in Venezuela, inmitten eines reichen Erdölgebietes; Erdölindustrie und wichtiger Ausfuhrhafen für Erdöl.

6 **Caracas,** Hauptstadt von Venezuela, Flughafen, Baumwollindustrie; Ausfuhr von Kakao und Kaffee.

7 **das Handelsschiff.** Es übernimmt den Fracht- und Personenverkehr zwischen den Hafenstädten sowie die Verbindung zu den anderen Erdteilen.

8 **die Antillen,** die mittelamerikanischen Inseln zwischen dem westlichen Atlantischen Ozean, dem Karibischen Meer und dem Golf von Mexiko. Die **Großen Antillen** umfassen die Inseln Kuba, Jamaika, Haiti und Puerto Rico; die sich anschließenden zahlreichen Inseln der **Kleinen Antillen** erstrecken sich bis an die Nordküste Südamerikas und sind politisch unter Frankreich, Großbritannien, die Niederlande und die USA aufgeteilt.

9 **der Panamakanal,** wichtiger Schiffahrtskanal an der schmalsten Stelle von Mittelamerika, er verbindet den Atlantischen und den Stillen Ozean.

10 **Bogotá,** Hauptstadt von Kolumbien, Handelsplatz.

11 **der Orinoko,** 2140 km langer Strom im nördlichen Südamerika, mündet in einem großen Delta in den Atlantischen Ozean, auf Teilstrecken schiffbar.

12 **der Amazonas,** der wasserreichste Strom der Erde, er kommt mit zwei Quellflüssen aus dem Hochgebirge und strömt nach 5500 km in einem 200 km breiten inselreichen Mündungstrichter in den Atlantischen Ozean; über 4000 km schiffbar. Das riesige, zum Teil stark versumpfte Urwaldgebiet wird von mehr als 200 Nebenflüssen durchzogen, über 100 davon sind schiffbar. Die wichtigsten sind:

13 **der Japurá,** 2800 km lang.

14 **der Rio Negro,** 1500 km lang.

15 **der Juruá,** 3283 km lang.

16 **der Purus,** 3210 km lang.

17 **der Madeira,** 3240 km lang.

18 **der Tapajós,** 1992 km lang.

19 **der Xingu,** 1980 km lang.

20 **Lima,** Hauptstadt von Peru, durch Eisenbahn mit dem 12 km entfernten Hafen am Stillen Ozean verbunden.

21 **der Tocantins,** großer Strom in Brasilien, 2640 km lang, davon 1370 km schiffbar.

22 **Recife,** Hafenstadt mit wichtigem Flughafen auf der Strecke nach Afrika und Europa.

23 **Teófilo Otoni:** Industriestadt in Brasilien.

24 **Salta,** Stadt in Argentinien; Handelsmittelpunkt.

25 **der Paraguay,** Nebenfluß des Paraná, 2200 km lang.

26 **der Paraná,** 3700 km langer Strom, schiffbar.

27 **Rio de Janeiro,** frühere Hauptstadt von Brasilien, großer Hafen. Neue Hauptstadt: Brasilia.

28 **São Paulo,** größte Stadt Brasiliens, nahe der Küste, Metall- und Kraftfahrzeugindustrie; bedeutender Handelsplatz für Kaffee und Baumwolle. Flughafen.

29 **Santiago de Chile,** Hauptstadt von Chile, Handelsplatz; Flughafen.

30 **Buenos Aires,** Hauptstadt von Argentinien und bedeutender Hafen des Landes; Verkehrsknotenpunkt.

31 **Porto Alegre,** wichtigste Hafenstadt in Südbrasilien, Maschinen- und Schiffbauindustrie.

32 **das Lama,** ein zuverlässiges Lasttier in den unwegsamen Gebieten des Hochgebirges.

33 **das Walfangschiff,** von dem aus der Wal mit einer Harpunenkanone erlegt wird.

34 **das Karibische Meer,** ein Teil des amerikanischen Mittelmeeres; zwischen dem nördlichen Südamerika, den Antillen und Mittelamerika.

A = Kolumbien
B = Venezuela
C = Guyana
D = Surinam
E = Französisch-Guayana
F = Brasilien
G = Ekuador
H = Peru
I = Bolivien
J = Chile
K = Paraguay
L = Argentinien
M = Uruguay
N = Mexiko (südlicher Teil)
O = Guatemala
P = Britisch-Honduras
Q = Honduras
R = El Salvador
S = Nicaragua
T = Costa Rica
U = Panama
V-Z = **Antillen** (siehe Nr. 8)
V = Kuba
W = Jamaika (britisch)
X = Haiti
Y = Dominikanische Republik
Z = Puerto Rico (zu USA)

Besuch auf dem Lande

Peter, Monika, Mutter und Baby sind für ein paar Tage zu den Verwandten aufs Land gefahren. Onkel Jochen ist immer froh, wenn er die Kinder bei sich hat, denn Peter hilft gern auf dem Felde mit und Monika geht der Tante in der Küche und beim Federvieh zur Hand. Im Augenblick ist sehr viel zu tun, denn die Kartoffeln müssen geerntet werden. Die ersten zwei Tage hat Peter fleißig aufsammeln müssen, was die Rodemaschine aus dem Boden geworfen hat. Bei all der vielen Arbeit ist Fritz, der die Maschine bedient hat, auch noch krank geworden. Deshalb muß es heute Peter für ihn tun. Er ist sehr stolz, wenn die Pferde, die die Maschine ziehen, seinen Befehlen gehorchen. Auch Rainer, der Sohn Onkel Jochens, ist mit auf dem Felde. Er ist aber jünger als Peter und kann mit den Pferden noch nicht so recht umgehen.

In der Vesperpause werden die Pferde ausgespannt. Die Sammler sitzen mit Peter auf einem Haufen trockenen Kartoffelkrautes und erzählen. Da kommt Onkel Jochen dazu, setzt sich zu ihnen auf das Kartoffelkraut und fragt die beiden Jungen: „Sagt mal, Jungen, wißt ihr eigentlich, daß die Kartoffel aus einem anderen Erdteil zu uns gekommen ist?" Peter wird hellhörig, denkt eine Weile nach und meint: „Ich habe in der Schule einmal gehört, daß die Kartoffel keine europäische Pflanze ist und daß sie vor längerer Zeit, teilweise unter Zwang, eingeführt wurde." Rainer weiß nicht so recht, was Peter und sein Vater meinen, deshalb fragt er: „Wieso soll die Kartoffel keine europäische Pflanze sein, sie wächst doch hier!" — „Ja", antwortet Onkel Jochen, „jetzt wächst sie hier, aber das war nicht immer so. Die Kartoffel stammt nämlich aus Südamerika." Die Jungen staunen, das haben sie nicht erwartet. Rainer hat so seine Gedanken: „Da sammeln wir hier also die Kartoffeln auf, bringen sie nach Hause, essen oder verfüttern sie und wissen eigentlich fast gar nichts über sie." Onkel Jochen lacht: „Sag lieber, daß du nichts darüber weißt. Anderen Leuten geht das nicht so. Ich weiß zum Beispiel eine ganze Menge über die Kartoffel zu erzählen." Da bestürmen ihn die Jungen, es nicht für sich zu behalten. Onkel Jochen schaut auf die Uhr: „Viel Zeit ist ja nicht mehr, aber das Wichtigste sollt ihr erfahren. Ihr wißt wohl, daß nach der Entdeckung Amerikas viele Europäer auswanderten, um sich in Amerika anzusiedeln. Schiffe verkehrten zwischen Nord- und Südamerika und Europa. Wahrscheinlich brachten die Spanier die Kartoffel, die sie in den Gebirgen Südamerikas fanden, mit nach Europa. Das war bereits im 16. Jahrhundert. Damals war allerdings die Kartoffel keine Nutzpflanze, sondern galt als Zierpflanze." Da muß Peter lachen: „Ich muß gerade daran denken, daß damals sicherlich niemand vermutete, daß die Kartoffel eins der Hauptnahrungsmittel in Europa werden würde. Vielleicht wachsen in Südamerika noch mehr Pflanzen, die in ein paar hundert Jahren wichtige Nahrungsmittel sind?" Darüber müssen nun die anderen lachen. Onkel Jochen sagt scherzend: „Du meinst, die Menschen nach uns werden vielleicht Riesenkakteen oder Flaschenbäume oder auch die herrlichen, bunten Orchideen der südamerikanischen Urwälder anbauen und essen." Rainer ergänzt seinen Vater: „Vielleicht essen sie dann auch Gummibäume." — „Na, nicht so übertreiben", wirft Onkel Jochen ein. „Hört lieber weiter zu, damit ihr die Kartoffeln hier auf unseren Feldern mit anderen Augen anseht. Es hat große Geduld und Überredungskunst gekostet, den Menschen der früheren Jahrhunderte die Kartoffel schmackhaft zu machen. Zuerst versuchten sie, die Knollen roh zu verzehren. Natürlich schmeckte ihnen das nicht. Sie warfen sie den Hunden vor, aber selbst die fraßen die rohen Knollen nicht. Tja, und heutzutage ist es schon fast so, daß die Kartoffeln mit zu den teuersten Früchten des Feldes gehören." Der Onkel steht auf, um wieder an die Arbeit zu gehen. Auch die Jungen erheben sich. „Übrigens, ihr wißt doch, daß die Früchte der Kartoffel giftig sind?" fragt Onkel Jochen zum Abschluß. Die beiden Jungen sehen ihn verwundert an. Rainer platzt sogleich mit seiner Antwort heraus: „Du willst uns wohl einen Bären aufbinden", und lacht schelmisch, „wir essen die Früchte doch, und das liebe Vieh frißt sie auch. Es ist aber, soviel ich weiß, noch niemand an diesem Gift gestorben." Onkel Jochen lacht herzlich: „Was habe ich für einen klugen Sohn. Paß auf, mein Junge! Die Früchte der Kartoffel wachsen nicht in der Erde, sondern oberhalb der Erde am Stamm und sind grün. Natürlich kennst du sie. Die Knollen, die wir ernten und immer als Früchte bezeichnen, das sind verdickte Wurzelteile. So, und nun an die Arbeit!" Nach dem Abendbrot sitzen die Jungen im Wohnzimmer. Peter hat sich in eine Zeitschrift vertieft, Onkel Jochen arbeitet am Schreibtisch, Rainer spielt mit seinem Baukasten, und die Tante strickt. Auf einmal greift Peter nach einem Bleistift. Er hat in der Zeitschrift ein Kreuzworträtsel gefunden. Einige der Fragen kann er leicht beantworten, dann stößt er auf eine, über die er länger nachdenken muß. Es wird nach Bodenschätzen Südamerikas gefragt. Die Lösung soll aus zwei Buchstaben bestehen. Peter kommt nicht drauf. Dann wird es ihm zu dumm, und er sagt: „Nun nennt mir mal Bodenschätze in Südamerika. Ich suche ein Wort mit zwei Buchstaben!" Onkel Jochen blickt auf: „Bist du immer noch bei Südamerika, Peter?" — „Ja, das bin ich, Onkel Jochen", antwortet der Junge, „aber ganz zufällig durch ein Kreuzworträtsel. Ich habe schon überlegt, aber alle südamerikanischen Bodenschätze, die ich weiß, haben mehr Buchstaben. Gold, Kupfer, Blei, Silber, Kohle, nicht zu vergessen die Diamanten, aber mit zwei Buchstaben weiß ich keinen." Rainer sagt frech: „Wie wär's mit Kartoffelbrei?" Beinahe will Peter böse werden, aber auf einmal ertönt aus der Ecke, in der die Tante sitzt, eine schüchterne Stimme: „Ihr seid ja alle ein bißchen dumm!" Die drei Herren, der alte und die beiden jungen, sehen erstaunt zu Tante Käthe hinüber. Rainer murmelt: „Stimme aus dem Hintergrund!" Peter bittet seine Tante, ihm das Wort mit zwei Buchstaben zu nennen. Tante Käthe schaut lächelnd ihren Mann an: „Jochen, fällt dir das denn wirklich nicht ein?" Onkel Jochen schüttelt den Kopf. Tante Käthe versteht es, alle auf die Folter zu spannen. Aber dann steht sie auf und meint: „Wenn ich jetzt nicht noch draußen zu tun hätte, würde ich euch ja noch länger zum Narren halten. Aber ich will es dir verraten, Peter — Öl!" Sie lacht herzlich über ihren Mann, der sich die Hand vor den Kopf schlägt. Peter schreibt befriedigt die beiden Buchstaben in sein Kreuzworträtsel.

1 **Die Kokospalme,** bis 30 m hoch. Vielseitige Verwendungsmöglichkeit: Kokosnüsse frisch als Nahrung, getrocknet (Kopra) als Rohstoff für Fette, Seifen und Kerzen, Knospenspitzen als Gemüse, Blütensaft als Palmwein, Fasern der Früchte für Flechtwerk, Holz.

2 **die Erdölgewinnung.** Erdöl ist ein wichtiger Rohstoff, aus dem Benzin, Leuchtöle, Treibstoff für Dieselmotoren, Heiz- und Schmieröle gewonnen werden.

3 **die Banane,** einjährige Staude, bis 10 m hoch. Blätter bis 2 m lang. Am heruntergebogenen Blütenschopf bis über 100 Bananen.

4 **die Agave,** Liliengewächs. Dicke, fleischige Blätter, deren Fasern verarbeitet werden. Aus dem Pflanzensaft wird Pulque, ein alkoholisches Getränk, hergestellt.

5 **die Kohle,** in Bergwerken gefördert. Zum Heizen gebraucht: in Öfen, Lokomotiven, Kraftwerken. Aus Kohle wird auch Benzin, Kunstgummi hergestellt.

6 **das Kupfer,** rotes Schwermetall für elektrische Leitungsdrähte, Bleche, Münzen. In Bergwerken gefördert.

7 **der Mais,** Getreidegras, bis 2,50 m hoch. Fruchtkolben mit vielen Maiskörnern. Verwendung als Viehfutter, Maismehl für menschliche Nahrung.

8 **das Gold,** Edelmetall, wird durch Auswaschen goldhaltigen Gesteins gewonnen. Verwendung für Schmuck und Münzen.

9 **das Eisen,** Schwermetall, wichtig für die Schwerindustrie. Die Eisenerze werden in Bergwerken gefördert. Im Hochofen wird Eisen daraus gewonnen.

10 **Edelsteine,** sehr harte Mineralien verschiedener Farbe. Geschliffen als Schmucksteine.

11 **der Kaffeestrauch,** immergrüner Strauch oder Baum, bis 6 m hoch, Blüten weiß, stark duftend. In roten Beeren je 2 Samen (Kaffeebohnen).

12 **das Zuckerrohr,** bis 6 m hohes Gras, Blätter ähnlich wie beim Mais. Zuckergewinnung. Das Zuckerrohrfeld sieht wie ein großes Schilfdickicht aus.

13 **der Kakaobaum,** gelbe oder rotbraune gurkenförmige Früchte am Stamm. Jede Frucht enthält 25—50 bohnenförmige Samen, aus denen Kakao gewonnen wird.

14 **die Orchidee,** Pflanze feuchtwarmer Gebiete. Viele Arten mit schönen, farbenprächtigen Blüten.

15 **der Kautschukbaum,** bis 20 m hoch. Im Amazonasgebiet große Wälder. Milchiger Saft der Stämme wird durch Anritzen gewonnen, Kautschuk.

16 **die Vanille,** Früchte einer Orchidee, die auf Bäumen wächst. Die unreifen Früchte werden geerntet und getrocknet.

17 **der Reis,** Getreidegras, bis 1,80 m hoch. Früchte in Rispen. Anbau auf schwerem, feuchtem Boden.

18 **das Silber,** Edelmetall, Verwendung zu Schmuck und Münzen.

19 **der Baumfarn,** baumförmiger Farn der tropischen Wälder. Stamm armdick, mehrere Meter hoch. Oben Rosette aus Blättern, die bis 3 m lang sind.

20 **der Maniok,** Strauch oder Bäumchen mit Wurzelknoten. Im feuchtheißen Regenwald. Aus den Knollen Stärkemehl (Tapioka). Die Indianer bereiten daraus ein Rauschgetränk (Kaschiri).

21 **der Flaschenbaum,** mit Kakaobaum verwandt. Stamm flaschenförmig verdickt.

22 **die Wachspalme,** Fächerpalme. Junge Blätter mit Wachsschicht bedeckt. Nutzholz.

23 **das Blei,** weiches Schwermetall, das besonders zu Kabelmänteln, Wasserleitungsrohren, Akkumulatoren und Munition verwendet wird.

24 **die Kartoffelpflanze,** krautige Knollenpflanze, Frucht kirschgroß, grün, giftig. Kartoffelknolle wichtiges Nahrungsmittel. Heimat: Anden (Hochgebirge an der Westküste).

25 **die Bromelia,** dornig gezahnte Blätter, beerenartige Früchte. In warmen, feuchten Gebieten. Liefert Fasern (Hondurasgras).

26 **der Matebaum,** Stechpalmengewächs. Blätter werden über Feuer getrocknet, dann auf besondere Art zubereitet. Der Tee daraus ist das Volksgetränk Südamerikas.

27 **die Erdnuß,** Hülsenfrüchtler. Früchte bohren sich in den Boden und reifen dort. Nahrungsmittel und Viehfutter. Aus den Früchten gewinnt man Öl.

28 **der Brasilnußbaum;** große Deckelkapselfrüchte, in ihnen viele fettreiche Samen (Paranüsse). Öllieferant.

29 **die Tabakpflanze,** Nachtschattengewächs. Blätter groß und breit. Gedeiht vorwiegend in den warmen Ländern. Blätter werden getrocknet und zubereitet; Tabak. Bekannt sind die Brasilzigarren.

30 **die Baumwollpflanze,** hoher Strauch, Früchte mit watteartigen Samenhaaren, die zu Baumwollstoffen versponnen und verwebt werden.

31 **der Säulenkaktus,** Stamm einfach oder verzweigt, Blätter zu Dornen umgebildet. Wächst in trockenheißen Gebieten.

32 **die Araukarie,** bis 60 m hoher Nadelbaum. Starker, gerader Stamm, Äste stehen in Quirlen, Nadeln kantig, Zapfen kuglig.

33 **die Opuntie,** Kaktus der trocken-heißen Gebiete. Strauch- oder baumförmig, Blätter zu Dornen umgewandelt.

34 **der Flachs,** krautige Pflanze mit länglichen Blättern. Aus den Samen gewinnt man Öl. Fasern für Garne und Gewebe.

35 **der Weinstock,** Kletterpflanze. Liebt warme Gebiete. Braucht sorgfältige Pflege. Viele Schädlinge.

36 **der Weizen,** Getreidepflanze, gehört zu den ältesten Feldpflanzen. Wichtige Brotfrucht.

1
2
4
2
1
3
2
6
5
7
5
8
10
8
9
8
9
11
10
12
17
9
13
14
15
16
1
22
21
8
20
2
18
19
10
28
14
30
8
6
23
5
11
6
27
29
10
9
8
6
25
24
26
10
2
11
9
11
9
8
18
10
12
31
23
5
30
6
5
7
33
6
32
18
5
35
8
9
2
34
6
36
35
2
5
31
5
2
5

Vater Meyer erzählt von seiner Reise

Herr Meyer ist von seiner Amerikareise zurückgekehrt. Natürlich hat er sehr viel zu erzählen. Dafür sind die Abende da, denn während des Tages ist Herr Meyer im zoologischen Garten, und die Kinder sind in der Schule. Gestern abend hat Peter den Vater gefragt, ob er seine zwei besten Freunde mitbringen dürfe. Da Monika den gleichen Wunsch hatte, hat sich heute abend bei Meyers eine ganze Schar um den Tisch versammelt. Auf dem Tisch steht ein kleiner Bildwerfer, denn Herr Meyer will nicht nur erzählen, sondern auch einige Fotos zeigen, die er in Amerika gemacht hat. „Ja, Kinder, ich weiß eigentlich gar nicht, wo ich mit dem Erzählen beginnen soll. Ich glaube, ihr interessiert euch nicht so sehr für die Reise selbst als vielmehr für das, was ich unterwegs gesehen und erlebt habe. Ich habe meine Fotos ein bißchen sortiert und will euch die Tierbilder zeigen. Seht euch die Fotos genau an, die Aufnahmen sind sehr schön geworden, und hört auch gut zu. Ich zeige euch zuerst Tiere, die in Südamerika leben. Mit den Vierbeinern fange ich an." Peter geht zum Lichtschalter und knipst das Licht aus. Da ist auch schon das erste Bild an der weißen Leinwand. „Das ist ein Brüllaffe", sagt Herr Meyer. „Wir haben zwei gefangen. Das war gar nicht so einfach. Unsere großen Netze reichten fast nicht aus, und wir mußten eine ganze Portion List zu Hilfe nehmen, bis wir sie endlich im Wagen hatten. Schaut euch das wütende Gesicht einmal an. Die Brüllaffen leben in großen Herden und machen meistens einen Heidenspektakel. Man denkt immer, sie zanken sich gerade. Wenn ihr das nächste Mal in unseren Zoo kommt, könnt ihr euch die beiden Brüllaffen ja ansehen. — Als nächstes seht ihr ein Faultier. Es ist ganz gut gelungen, das Tier zu fotografieren, denn Faultiere sind langsame Baumkriecher. Ihr könnt sehen, wie sie sich, mit dem Rücken nach unten, an den Bäumen festhalten." — „Die haben aber ein langes, spitzes Gesicht!" wirft Peter ein. „Von den Vierbeinern, die euch interessieren, habe ich nur noch zwei da", fährt Herr Meyer fort. „Hier zuerst ein Lama." Er zeigt das Bild. Da lachen alle, denn das Lama spuckt gerade in hohem Bogen einen Mann an. Herr Meyer lacht auch und meint: „Ja, mit der Aufnahme hatte ich Glück, und unser Herr Nolte hatte Pech. Wenn Lamas sich ärgern, fangen sie an zu spucken. Du weißt das doch, nicht wahr, Monika?" Monika bekommt einen roten Kopf, sagt aber nichts. Peter hat früher eine Zeitlang „Lama" zu seiner Schwester gesagt. Warum wohl? Das könnt ihr euch sicher denken. Als letzten Vierbeiner zeigt Herr Meyer einen großen Ameisenbären. Im Zoo war bisher keiner, deshalb fragt Peter auch sofort: „Wo ist denn der zu sehen? Ist das ein Rüssel, Vater?" — „Nein, nein", lacht Herr Meyer, „das ist kein Rüssel wie bei den Elefanten, das ist nur eine röhrenförmige Schnauze. Alle Ameisenbären haben eine solche Schnauze. Wenn ihr genau hinschaut, seht ihr auch die rote Zunge. Sie ist klebrig und dient dem Tier zum Fangen der Insekten." Nach den Vierbeinern zeigt Herr Meyer den Kindern ein paar Vögel. Die Bilder sind bunt, und die Kinder staunen sehr über die Vielfalt der Farben bei den Vögeln Südamerikas. Daß es so viele verschiedene Papageien gibt, können sich die Kinder kaum vorstellen. Einer der Vögel hat einen ganz sonderbaren Schnabel. Es ist ein Riesentukan, wie Herr Meyer erklärt. Der Vogel ist sehr groß und sieht der Elster ähnlich, aber der Schnabel ist gelb-rot und größer als der ganze Kopf. „Ich habe immer gedacht, daß all diese bunten Vögel Papageien seien", sagt Herbert, „aber nun haben Sie uns so viele andere Namen genannt, daß man fast nicht mehr durchfindet." Herr Meyer lacht: „Natürlich sind das zum größten Teil Papageienvögel, aber jeder hat natürlich auch einen eigenen Namen." „Papi, hast du denn auch Schlangen fotografiert?" fragt Monika. „Iiiiii!" machen die Mädchen. Wahrscheinlich mögen sie Schlangen nicht gern. Herr Meyer aber beruhigt sie: „Ich habe auch Schlangenbilder dabei, aber wenn ihr sie nicht sehen wollt, dann lasse ich sie weg." Da protestieren wieder die Jungen. Sie meinen, wenn die Mädchen sie nicht sehen wollten, so könnten sie wegschauen oder hinausgehen. Herr Meyer lacht: „Also gut, e i n e Schlange werde ich euch zeigen. Hier ist sie, eine Anakonda. Schaut einmal, wie schön bunt sie aussieht. Sie ist nicht giftig und wird im allgemeinen dem Menschen nicht gefährlich. Ihre Waffe ist ihre ungeheure Kraft. Einer Anakonda ist es zum Beispiel möglich, ein Schwein zu töten. Sie tut das aber nicht durch Bisse, sondern indem sie sich um das Tier windet und es erstickt. Diese Anakonda ist 7,20 m lang, es gibt aber welche, die bis 11 m messen." Die Kinder staunen über diese Länge, denn das Tier ist doppelt so lang wie das Zimmer, in dem sie sich befinden. Zum Schluß führt Herr Meyer noch ein paar Meerestiere vor. Er sagt: „Diese Meerestiere haben wir natürlich nicht jetzt in Südamerika gefangen, und wir haben sie auch nicht mitgebracht. Aber es gibt dort große Aquarien, in denen diese Tiere gefangen leben. Dort habe ich sie fotografiert. Hier sind zuerst zwei Delphine. Ihr wißt vielleicht, daß sie keine Fische, sondern Wale sind, also Meeressäugetiere. Sie bringen nämlich wie alle Säugetiere lebende Junge zur Welt. Delphine sind sehr geschickte und schnelle Schwimmer. Es kommt vor, daß sie ohne Schwierigkeit ein Schiff tagelang begleiten. — Als nächstes seht ihr einen Zwergwal. Er lebt in den Ozeanen um Amerika und am Südpol. Schade, daß er nicht gerade seine Zunge zeigt, die ist nämlich strohgelb." Die Jungen und Mädchen bekommen noch einige Tiere zu sehen, dann geht plötzlich das Licht an, und Herr Meyer sagt: „So, Kinder, das genügt für heute. Vielleicht kommt ihr in den nächsten Tagen abends mal wieder. Dann zeige ich euch noch andere Bilder." Peters Freunde und Monikas Freundinnen bedanken sich bei Herrn Meyer und verabschieden sich. Peter und Monika bringen sie noch an die Haustür, dann müssen sie ins Bett gehen.

1
2
3
4
5
6
7
8
9
10
11
12
13
14
15
16
17
18
19
20
21
22
23
24
25
26
27
28
29
30
31
32
33

1 **Das Totenkopfäffchen,** zierliches Tier, nur etwa 30 cm lang, geschickter Kletterer, Baumbewohner, leicht zu zähmen.

2 **der Brillenbär,** Braunbärart der Anden, etwa 1,60 m lang. Schwarzer Pelz mit heller Zeichnung, um die Augen in Brillenform. (Anden = Hochgebirge an der Westküste.)

3 **der Tapir,** ponygroßes Säugetier, 2—2,50 m lang. Kurzer, beweglicher Rüssel, frißt Blätter von Bäumen, lebt in Wäldern.

4 **das Faultier,** Säugetier, 50—70 cm lang, Kopf affenähnlich. Lebt auf Bäumen, klettert und schläft hängend. Bewegt sich nur ungern, daher der Name.

5 **das Gürteltier,** Säugetier. Auf der Oberseite Hornplatten, die gürtelförmig übereinander liegen, rollt sich bei Gefahr zusammen, so daß die Hornplatten es schützen.

6 **der Delphin,** Meeressäugetier, gehört zu den Zahnwalen. Etwa 2 m lang. Vordergliedmaßen zu Flossen umgebildet, gewandter Schwimmer.

7 **der Gabelhirsch,** Hirschart der Anden. Das Geweih gabelt sich nur einmal.

8 **der Kaiman,** krokodilartiges Kriechtier, lebt in tropischen Seen und Flüssen. Fleischfresser, für den Menschen gefährlich.

9 **die Seekuh (die Sirene),** Meeressäugetier, Hinterbeine rückgebildet, Vorderbeine flossenartig. Pflanzenfresser.

10 **der Jendajas-Sittich,** kleinerer Papagei mit langem Schwanz.

11 **das Lama,** Paarhufer, Kamelart, aber nur bis etwa 1,50 m hoch, Fell rotbraun bis gelb. Von den Indianern als Haustier benutzt.

12 **der Jaguar,** größte Großkatze Amerikas, 1,50 bis 2 m lang. Lebt an bewaldeten Flußufern und in Sumpfnähe, Fleischfresser. Rotgelb mit schwarzen Flecken, am Bauch weiß. Manchmal ganz schwarz.

13 **der Ara,** größter Urwaldpapagei, etwa Rabengröße. Bunt gefärbt mit langem Schwanz. Geschickter Flieger und Kletterer.

14 **das Bisamschwein,** Körper und Ohren kleiner, Schnauze schmäler als beim Hausschwein, bis 1 m lang.

15 **der Leguan,** Eidechse, größer als unsere einheimischen. Oft schön gefärbt. Lebt auf Bäumen oder am Boden, selten im Wasser. Frißt Tiere und Pflanzen.

16 **der Flamingo,** hochbeiniger, langhalsiger Vogel, bis 1,25 m hoch. Weißrosa Federn, Schultern rot.

17 **der Brüllaffe,** 1,30 m lang, bis 70 cm langer Greifschwanz. Meist rotbraunes, dichtes Fell. Lebt in Sippen in Wäldern.

18 **der Sumpfhirsch,** größter Hirsch Südamerikas. Wohnt in Sumpfgebieten, ähnelt unserem Rothirsch. Großes Geweih mit 8 bis 10 Enden.

19 **die Boa,** Riesenschlange. Größte Art: Anakonda, bis 11 m. Nicht giftig, umschlingt und erdrosselt ihre Beute.

20 **das Pinseläffchen,** kleines Säugetier, 25 bis 70 cm lang, sehr langer Schwanz, an Fingern und Zehen Krallen, an den großen Ohren Haarbüschel. Frißt Pflanzen und Tiere (Insekten und kleine Fische).

21 **der Baumstachler,** Stachelschwein, das auf Bäume klettert. Greifschwanz, der am Ende unbehaart ist. Pflanzenfresser, geht nachts auf Futtersuche.

22 **der Kondor,** größter Geier Amerikas. Spannweite der Flügel bis 3 m. Lebt meist von Aas.

23 **die Nutria,** rattenähnliches Nagetier, das stets in Wassernähe lebt. Guter Schwimmer. Geschätztes Pelztier, wird wegen des Pelzes auch gezüchtet.

24 **der Mähnenwolf,** großer Wolf, 70 cm hoch. Schlanke und hohe Läufe. Steppenbewohner, nährt sich hauptsächlich von Pflanzen.

25 **der Pampashirsch,** etwa 1,20 m lang, Geweih bis 25 cm, ähnlich dem des Rehs.

26 **der Königsgeier,** kleiner als der Kondor (Nr. 22). Horstet auf Bäumen, Tagraubvogel. Nackter Kopf.

27 **der Nandu,** Straußenvogel, flugunfähig, graues Gefieder, lebt in Pampas und Hochsteppen.

28 **die Mähnenrobbe,** Meeressäugetier. Vorder- und Hinterbeine als Flossen ausgebildet. Bis 2 m lang. Nahrung: Fische.

29 **der Guanako,** Lamaart, wiederkäuender Paarhufer, Pflanzenfresser. Lebt im Gebirge. Fell rotbraun bis gelb, Höhe bis 1,50 m.

30 **der Zwergwal,** Bartwal, bis höchstens 10 m Länge. An der Unterseite tiefe Längsfurchen (Furchenwal). Lebt von kleinen Seetieren.

31 **der Puma,** Großkatze, Fell gelbrot bis grau. Sehr gewandt im Klettern. Fleischfresser. Etwa 50 cm hoch und 1,20 bis 1,40 m lang.

32 **der Pinguin,** flugunfähiger Meeresvogel. Flügelstummel dienen der Fortbewegung im Wasser. Auf dem Land steht der Pinguin aufrecht. Watschelt oder rutscht auf dem Bauch über den Boden und das Eis.

33 **der Seeleopard,** eine Robbe, Meeressäugetier. Bis 3,50 m lang, schön geflecktes Fell. Nährt sich von Fischen und Wasservögeln.

Ein Brief aus Australien

„Peter, hör mal, es ist etwas ganz Tolles passiert!" sagt eines Sonntags Kapitän Hansen zu seinem jungen Freund Peter. „Ich bekomme gestern einen Brief von meinem Bruder Hans. Er schreibt mir aus einem kleinen Nest in Queensland." — „Queensland liegt in Australien, nicht?" fragt Peter dazwischen. „Ja, ja, natürlich", ist die Antwort. „Aber Sie haben mir noch nie etwas davon erzählt, daß Sie einen Bruder haben." — „Das ist ja eben das Tolle an der Geschichte. Seit seinem 16. Lebensjahr ist er nicht mehr zu Hause gewesen. Er hatte damals Streit mit unserem Vater und ist auf und davon. Keiner wußte, wohin er gegangen war. Wir glaubten alle, er sei längst tot, und nun schreibt er plötzlich aus Australien." Kapitän Hansen versinkt in längeres Nachdenken, und auch Peter schweigt, weil er die tiefe Bewegung seines Freundes spürt. Dann aber kann er seine Neugier nicht mehr bezwingen. „Käpt'n", fragt er vorsichtig, „was ist denn nun mit Ihrem Bruder? Kommt er her? Was ist aus ihm geworden?" Der Kapitän lächelt: „Es geht ihm wohl ganz gut. Ja, er will herkommen. Sein Brief ist sehr lang. Ich werde dir einige Stellen daraus vorlesen. Hier, schau dir zunächst einmal die Bilder an!" Damit überreicht er Peter zwei Fotografien. Auf dem einen Bild steht ein junger Mann an den Zaun eines Vorgartens gelehnt. Die andere Fotografie zeigt einen älteren Herrn, der auf einer großen Sonnenterrasse einsam an einem Tisch sitzt und eine Zigarre raucht. Peter hat sich schon gedacht, daß auf beiden Bildern der Bruder des Kapitäns abgebildet ist. Kapitän Hansen liest vor: „Ich habe seit meiner überstürzten Abreise vor vielen Jahren sehr viel gesehen und erlebt. Mehrere Jahre bin ich zur See gefahren. Damit hatte ich aber wenig Glück. Schließlich blieb ich auf einer kleinen Insel vor der Küste von Neuseeland. Dort lernte ich mit fast 25 Jahren einen neuen Beruf. Ich wurde Schafzüchter. Es war eine harte Lehrzeit, aber ich konnte dabei sehr viel lernen. Fünf Jahre später ging ich dann hinüber nach Australien und arbeitete auf mehreren Farmen. Seit der Zeit habe ich mich ständig mit der Schafzucht beschäftigt. Ich habe es inzwischen zu größeren Besitzungen und mehreren eigenen Schafherden gebracht." Peter staunt über diesen Mann, der nach so langer Zeit, er müßte dem Bilde nach ungefähr 60 Jahre alt sein, wieder etwas von sich hören läßt. Der Kapitän hat eine Seite des Briefes überschlagen und liest weiter: „Du wirst wissen, lieber Bruder, daß der größte Teil der Einwohner auf diesem kleinsten Erdteil weiße Einwanderer sind. Es leben nur noch etwa 50 000 eingeborene Australier hier. Es wäre sehr schön, wenn Du mich einmal besuchen könntest, und deshalb schlage ich Dir vor, daß Du nach meiner Europareise mit hierherkommst. Ich möchte Dir alles, was ich hier geschaffen habe, zeigen. Vielleicht interessieren Dich Tiere. Dann wirst Du hier manche kennenlernen, die Du wohl noch nie gesehen hast. Auf einer meiner Farmen habe ich einen wunderschönen Tierpark angelegt, in dem ich aus Liebhaberei australische Wildtiere zähme und züchte. Ich habe sie alle selbst gefangen, und sie sind mein ganzer Stolz. Du wirst ja wissen, daß Australien sozusagen seine eigene Tierwelt hat. Dadurch, daß dieser Erdteil auf der südlichen Erdhalbkugel bis zum Anfang des 17. Jahrhunderts mit den anderen Erdteilen keine Verbindung hatte, konnte sich hier eine völlig eigenständige Tierwelt entwickeln. Nirgends sonst gibt es zum Beispiel Känguruhs oder das Schnabeltier. Zu meinem kleinen Privatzoo gehört auch ein Vogelhaus, in dem die gefiederte Welt Australiens reichlich vertreten ist. Komm her und schau Dir alles an, es wird Dir sicherlich gefallen!" Dann liest Kapitän Hansen so leise, daß Peter nichts mehr versteht. Peter ist hellauf begeistert. „Donnerwetter, Käpt'n!" ruft er aus, „ich würde an Ihrer Stelle hinfahren. Das muß doch alles sehr interessant sein." — „Ja, ja, natürlich ist es das, mein Junge", murmelt der Kapitän, „aber ich gehöre nicht mehr zu den Jüngsten. — Aha, jetzt hab' ich's. Hans schreibt hier noch: Ich habe außerdem vor, ein großes Seeaquarium mit großen und kleinen einheimischen Meeresbewohnern, darunter auch dem Lungenfisch, anzulegen. Dabei sollst Du mir ein wenig helfen. Überlege es Dir und sage mir Bescheid, wenn ich bei Dir bin. Herzliche Grüße und so weiter . ." Kapitän Hansen ist am Ende und schaut seinen jungen Freund an. „Na, dann bereiten Sie sich nur zu einer langen Reise vor", sagt Peter, „aber das sind Sie ja gewöhnt. Sagen Sie, Käpt'n, wie ist denn das damals mit Ihrem Bruder gewesen? Ich meine, wie kam es, daß er ausrückte?" — „Ach, das ist eine ziemlich unerfreuliche Geschichte gewesen, und unser Vater ist nie ganz darüber hinweggekommen. Hans war als Junge ein rechter Hitzkopf, der alles besser wissen wollte. Daß der Streit so ausgehen würde, hat damals keiner geahnt. Na, mein Bruder hat in seinem Brief nichts erwähnt, deshalb möchte ich auch nicht mehr daran rühren. Wenn ich es mir recht überlege, so könnte ich ja eigentlich ruhig für ein halbes Jahr hinfahren und mir den Tierpark mit den Känguruhs und das Seeaquarium ansehen. Ach so, das soll ich ja erst bauen helfen." Kapitän Hansen versinkt wieder in Gedanken. Peter kennt ihn eigentlich gar nicht so nachdenklich. „Käpt'n, ich möchte nun wieder gehen. Ich will Sie nicht länger stören." Er sieht den Kapitän verschmitzt an und fährt fort: „Wenn Sie für Ihre Reise einen Beschützer brauchen, so nehmen Sie mich mit. Sie wissen ja, daß ich auch großes Interesse an exotischen Tieren habe." Das weiß Kapitän Hansen sehr wohl, und vielleicht denkt er sogar darüber nach, ob er den Peter nicht wirklich für ein halbes Jahr nach Australien mitnehmen kann.

Zu Hause geht Peter gleich an den Bücherschrank. In diesem Augenblick kommt Monika ins Zimmer und fragt, was er gemacht habe. Peter berichtet von dem aufregenden Ereignis. Monikt staunt. „Und was willst du mit dem Lexikon?" fragt sie ihn dann. „Ich will nachsehen, was Kloakentiere sind", antwortet der Junge. „Die gibt es in Australien, Kapitän Hansen hat gesagt, daß das Schnabeltier, das sein Bruder in seinem Zoo hat, ein Kloakentier ist. Ich muß doch wissen, was das ist. Vielleicht nimmt mich der Kapitän mit, da muß ich doch Bescheid wissen." „Na, viel Spaß", ruft Monika beim Hinausgehen. Peter hat das Wort bald gefunden. Er erfährt nun, daß es sich um sehr merkwürdige Tiere handelt. Sie haben einen Schnabel wie die Vögel. Auch die Schwimmhäute zwischen ihren Zehen sind ähnlich wie die bei Schwimmvögeln. Sogar Eier legen sie. Trotzdem sind sie Säugetiere. Dafür spricht schon ihr Fell. Vögel mit Fellen gibt es nicht. Das Wichtigste aber ist, daß das Weibchen des Schnabeltieres seine Jungen säugt. — „Aha", sagt sich Peter, „so ist das also". Er schlägt das Lexikon zu, stellt es an seinen Platz und geht hinaus zum Spielen.

1 Der Papagei, viele verschiedene Arten, mit wenigen Ausnahmen sehr bewegliche Baumvögel. Buntes Gefieder, hakenförmiger Schnabel, Zangenfuß.

2 die Seeschildkröte; vier flossenartige Füße, ähnlich wie bei den Robben. Rücken- und Bauchpanzer. Lebt im Meer, manchmal weit von der Küste entfernt. Geht an Land, um ihre Eier abzulegen.

3 der Pfau, etwa 1 m langer Hühnervogel, der eine ebenso lange „Schleppe" trägt, Oberschwanzdeckfedern schön gezeichnet. Die Schwanzfedern kann der Pfau zu einem „Rad" aufrichten.

4 der Orang-Utan, Menschenaffe. Rostrotes Fell, bis 1,80 m groß. Gewandter Kletterer, lebt familienweise. Nahrung: Früchte.

5 der Nashornvogel, hornartige Auswüchse über dem Schnabel, gestreckter Leib, kurze Flügel, niedrige Füße. Fast so groß wie Truthahn. Lebt im Urwald.

6 der Hirscheber, hochrückiges Schwein. Obere Hauer wachsen bogenförmig nach oben durch die Haut.

7 der Waran, Eidechse, bis 2 m lang. Langer Kopf und Hals, Schwanz länger als der Körper. Läuft rasch, schwimmt gewandt und ausdauernd.

8 der Helmkasuar, flugunfähiger Vogel, Flügel sind verkümmert; haarähnliche Federn. Lebt in dichten Wäldern, sehr scheu. Allesfresser.

9 der Paradiesvogel, prächtiges Federkleid in leuchtenden Farben. Weibchen unscheinbare, düstere Färbung.

10 der Fregattvogel, sehr lange Flügel, tiefgegabelter Schwanz. Hervorragender Stoßtaucher. Folgt in majestätischem Schwebeflug den Schiffen.

11 der Albatros, großer Seevogel, kurzer, dicker Hals, lange schmale Flügel, kurzer Schwanz. Fliegt ausdauernd und fast ohne sichtbare Bewegung der Flügel.

12 das Krokodil, Kriechtier. Körperlanger Ruderschwanz, beschuppte Rumpf- und Schwanzhaut. Niedrige Beine, an den Füßen Schwimmhäute. Lebt im und am Wasser.

13 der Kranich, hochbeiniger Wasservogel mit langem, spitzem Schnabel. Lebt in Sümpfen.

14 das Bergkänguruh. In den Bergen lebendes, kleineres Känguruh (vgl. Nr. 25 und 26).

15 der Delphin, Zahnwal, Meeressäugetier; Vorderbeine zu Brustflossen umgewandelt, waagerechte Schwanzflosse. Ausdauernder, gewandter Schwimmer.

16 die Seekuh, Meeressäugetier, bis 10 m lang. Vordergliedmaßen in Flossen umgewandelt, waagerechte Schwanzflosse.

17 der Hai, Knorpelfisch, viele Arten, bis 12 m lang. Viele sind Räuber, die auch Menschen angreifen.

18 der Emu, dem Strauß ähnlich, aber kleiner, bis 1,70 m groß. Flugunfähiger Laufvogel.

19 der Dingo, Wildhund, Raubtier, Größe eines Schäferhundes, kleine Ohren. Reißt Kälber, Känguruhs.

20 der Wellensittich, kleinerer Papagei, bis 18 cm lang, mit langem Schwanz. In großen Schwärmen in den Steppen. Nahrung: Grassamen.

21 der Ibis, Schreitvogel, kleiner Kopf, langer, gebogener Schnabel.

22 der Pinguin, flugunfähiger Vogel, Flügel zu Schwimmrudern ausgebildet. Steht an Land aufrecht, watschelnder Gang.

23 die Kragenechse, Eidechse, bis 80 cm lang. Breiter Hautkragen am Hals, der als Schreckmittel aufgerichtet werden kann.

24 das Wildkaninchen, kleiner als der Hase, kürzere Ohren. Etwa 40 cm lang. Erst mit Schiffen von Europa nach Australien gebracht. Dort starke Vermehrung. Wildkaninchenplage.

25 das Rote Riesenkänguruh, Beuteltier, Pflanzenfresser. Etwa mannsgroß, lange Hinterbeine und starker Stützschwanz, Vorderbeine schwach und kürzer als die Hinterbeine. Sprünge bis zu 8 m. Die Jungen werden etwa 8 Monate in einem Beutel (Hautfalte) am Bauch getragen.

26 das Graue Riesenkänguruh, kurzes, dichtes, wolliges Fell. Wenig kleiner als das Rote Riesenkänguruh.

27 der Wombat, Beuteltier, bis 1 m groß, plump. Geht nachts auf Futtersuche, Nahrung: Kräuter und Wurzeln. Gräbt Gänge und Höhlen.

28 der Pottwal, größter Zahnwal, ständig im Wasser lebendes Säugetier. Bis 23 m lang.

29 der Ameisenigel, eierlegendes Säugetier. Lange Schnauze mit wurmförmiger Zunge.

30 der Seelöwe, Robbe, Säugetier. Beine flossenförmig. Bis 4 m lang. Kurzes, hartes Fell, schwarz, rötlichbraun und grau.

31 der Schwarzschwan, höckerloser Schwan, bräunlichschwarze Federn, die an der Spitze fast schwarz sind. Die Flügel tragen weiße Federn.

32 das Schnabeltier, Schnabelmaul aus Horn. Ruderschwanz, an den Füßen Krallen und Schwimmhäute. Eierlegendes Säugetier, lebt meist im Wasser der Flüsse und Teiche.

33 der Beutelwolf, Beuteltier. Fleischfresser, jagt Känguruhs.

34 der Kiwi, flugunfähiger Vogel, Schnelläufer. Ohne Schwanz und fast ohne Flügel, langer, spitzer Schnabel. Im Aussterben.

1
2
3
4
5
6
7
8
9
10
11
12
13
14
15
16
17
18
19
20
21
22
23
24
25
26
27
28
29
30
31
32
33
34

Kapitän Hansen hat Besuch

Als vor einigen Monaten Kapitän Hansen von seinem Bruder den ersten Brief bekommen und ihn Peter vorgelesen hatte, nahm sich der Junge sogleich vor, Herrn Hans Hansen nach den Eingeborenen in Australien zu fragen. Selbstverständlich hatte Kapitän Hansen sogleich an seinen Bruder geschrieben, und inzwischen ist noch mancher Brief aus Australien gekommen. Vor drei Tagen ist nun der australische Schafzüchter selbst eingetroffen. Peter kann es gar nicht erwarten, ihn kennenzulernen. Endlich ist es dann soweit. Peter hat seine Schularbeiten gemacht und darf zu Kapitän Hansen gehen. Der alte Freund schmaucht seine krumme Seemannspfeife, und Herr Hansen jongliert mit einer dicken schwarzen Zigarre. Er ist jünger als der Kapitän. Peter mag den großen, kräftigen Mann, der ihn so freundlich begrüßt, gleich leiden. Gerade sagt er: „Ich habe natürlich die meiste Zeit in den vergangenen 35 Jahren englisch gesprochen, deshalb spreche ich jetzt etwas langsam und muß manchmal nach dem richtigen Wort suchen. Du mußt das entschuldigen, Peter. Ich war eben zu lange in der Fremde." „Erzählen Sie uns doch bitte etwas über die Eingeborenen in Australien, Herr Hansen!" sagt Peter wißbegierig. „Sind Sie oft mit ihnen zusammengekommen?" „Ich war viel bei den Eingeborenen", berichtet Herr Hansen. „Sie leben heute meist in abgegrenzten Gebieten, die Reservationen genannt werden. So ist es ja in Amerika mit den Indianern auch. Viele Ur-Australier leben noch als Nomaden und ziehen in Gruppen durch das Land." Peter fragt: „Wie sind Sie denn mit ihnen zusammengekommen? Sind Sie in den Reservationen gewesen, oder haben Sie auf ihrer Farm Eingeborene als Arbeitskräfte?" — „Oder bist du mit den Nomaden durchs Land gezogen?" ertönt die tiefe Stimme des Kapitäns. Herr Hansen lächelt: „Das ist eine eigenartige Geschichte, die ich euch erklären muß. Ich habe nämlich in Australien versucht, Eingeborene als Arbeitskräfte zu werben. In einigen Fällen ist es mir auch gelungen, aber selbst von diesen wenigen sind die meisten wieder davongelaufen. Bei diesen Fahrten bin ich weit herumgekommen, und auch auf den Inseln bin ich viel gewesen. Mit den Leuten von dort hatte ich fast noch am meisten Glück, denn wenn sie einmal auf dem australischen Festland waren, so konnten sie ja schwer wieder auf ihre Heimatinsel zurück. Bei den Reisen über die Inseln habe ich die seltsamsten Dinge erlebt. Einmal zum Beispiel war ich dabei, wie in einer Eingeborenensiedlung eine Jünglingsweihe stattfand. Ihr müßt wissen, daß die Ur-Australier keine Christen sind, sondern ihre alte Naturreligion beibehalten haben. Sie haben innerhalb ihrer Horde oder ihres Stammes noch den Zauberer, und der schlägt dann zum Beispiel den Jünglingen, wenn sie ein bestimmtes Alter erreicht haben, einen oder mehrere Zähne aus. Die jungen Männer tanzen und führen irgendwelche Waffenübungen vor, sie tätowieren ihre Haut mit bunten Farben und Zeichnungen. Wenn das alles beendet ist, sind sie Männer." „Was für Waffen haben denn die Eingeborenen?" will Peter wissen. Herr Hansen antwortet: „Immer noch die alten Waffen ihrer Vorfahren, nämlich Speer und Schild, Keule und Bumerang. Kennst du einen Bumerang?" Da steht Kapitän Hansen auf und verschwindet im Nebenzimmer. Nach einer Weile kommt er mit einem Bumerang in der Hand zurück. „Ah", sagt Herr Hansen, „der ist sogar echt. Er stammt aus dem nördlichen Australien. Man kann das genau sehen, wenn man diese schmalen, gebogenen Holzwurfwaffen ein bißchen genauer kennt." — „Natürlich ist er echt!" Die Stimme des Käpt'ns klingt fast entrüstet. „Ich habe ihn gekauft, als wir einmal — das muß so 20 Jahre her sein — in Darwin an Land gingen. Wir unternahmen einen Ausflug ins Landesinnere. Dabei habe ich dann auch einige Eingeborene gesehen. Die Männer trugen riesige Bärte. Ich weiß natürlich nicht, ob das heute auch noch so ist." — „Ja, das ist auch heute noch so", nickt der Bruder. „Der Australier ist nicht bösartig, wie manchmal behauptet wird", berichtet er weiter. „Diesen Menschen ging es genauso wie den Indianern in Amerika. Auch sie sind im Laufe der Zeit immer mehr verdrängt worden. Hoffentlich gelingt es bald, sie aus ihren primitiven Behausungen herauszuholen und ihnen ein besseres Leben zu bieten. Die meisten wollen das freilich gar nicht, sondern sie fühlen sich als Jäger und Sammler sehr wohl. Auch das Christentum macht eigentlich keine rechten Fortschritte bei ihnen. Es gibt allerdings schon eine ganze Menge, die nicht mehr so leben wie ihre Väter und Vorväter. Sie tragen normale europäische Kleidung und wohnen, statt in Erdhöhlen, Laubhütten oder einfach unter Windschirmen, jetzt auch in den durch die weißen Einwanderer gegründeten Dörfern und Ansiedlungen, sogar in Städten. Die Weißen sind meist Engländer, aber es leben dort auch viele Deutsche und andere Europäer, außerdem Chinesen, Inder und Malaien. Mein Freundeskreis ist sehr groß. Es sind fast alle Nationen vertreten. Wir verstehen uns sehr gut dort und helfen uns immer gegenseitig, wenn jemand in Not ist." „Weißt du, lieber Bruder", wirft der Kapitän ein, „ich bekomme immer mehr Lust, mit dir hinüberzufahren." — „Ich auch!" kommt ein tiefer Seufzer aus Peters Mund. Da wird Herr Hansen lebendig. „Dagegen ist gar nichts zu sagen, mein Junge. Ich nehme dich mit!" Da mischt sich jedoch der Kapitän ein: „Nun mal langsam! Jetzt muß ich aber ein ernstes Wort sprechen. Das kommt nicht in Frage! Ihr seid mir ja zwei richtige Windbeutel! Der Peter hat schließlich noch einige Schuljährchen vor sich. Peter, schlag dir solche Gedanken aus dem Kopf!" Peter nickt betrübt, sieht aber ein, daß Kapitän Hansens Worte berechtigt sind. „Natürlich, Käpt'n, das weiß ich doch ganz genau. Wenn ich auch nicht immer hier bleiben will, sondern wie Vater in der Welt herumkommen möchte, so geht das jetzt noch nicht. Aber schön wär's gewesen!" meint er bedauernd. Der Schafzüchter tröstet ihn: „Wenn du später einmal etwas mit Schafzucht zu tun hast oder mit Wolle, so kannst du ruhig zu mir nach Australien kommen. Bei uns kannst du sehr viel lernen, und tüchtige Leute werden dort immer gebraucht."

Peter verabschiedet sich vom Kapitän und dessen Bruder und bedankt sich für den schönen Nachmittag. Herr Hansen will noch einige Wochen bei seinem Bruder bleiben, deshalb verabschiedet er sich von Peter mit den Worten: „Du kannst in den nächsten Tagen gern mal wiederkommen, ich bin noch einige Wochen hier. Mein Bruder hat mir von deiner Schwester Monika erzählt. Ich möchte sie auch kennenlernen. Bringe sie das nächste Mal mit!"

1
2
3
4
5
6
7
8
9
10
11
12
13
14
15
16
17
18
19
20
21
22
23
24
25
26
26
27
28
29
30

1 **Der Pfahlbau,** auf Pfählen errichtetes Wohnhaus, häufig bei den Indonesiern in Südostasien. Die Bataks (auf Sumatra) verzieren die Holzteile reich mit Schnitzwerk.

2 **die Indonesierin,** mit Kind, das sie auf der Hüfte trägt. Kleidung: rockartiger Schurz aus Baststoff.

3 **der Dajak,** Bewohner von Borneo. Krieger mit Schild und Speer. Kulturstufe der Jäger und Sammler. Schurz als Bekleidung.

4 **der Kopfjäger,** im Innern der Philippinen. Erbeutet die Köpfe fremder Stammesangehöriger. Er glaubt, die Schädel verleihen ihm geheimnisvolle Kräfte.

5 **die Mikronesierin,** Eingeborene der Marianen-Inseln. Urbevölkerung fast ganz ausgerottet. Rest mit Einwanderern vermischt, daher europäisierte Kleidung.

6 **das Doppelboot,** besteht aus Planken, die auf zwei schmalen Booten befestigt sind. Darauf das dreieckige, mit der Spitze nach unten stehende Segel.

7 **der Javaner,** hier ein Fürst. Über der Hose der Rock, dazu lange, meist verzierte Jacke. Die Kopfbedekkung besteht aus Bambus- oder Pandanusblättern.

8 **die Tempeltänzerin** auf der Insel Bali, in reichverziertem und wertvollem Tanzkostüm. Die Mädchen werden schon von früher Jugend an in der Tanzkunst unterrichtet.

9 **die Papuafrau,** in Neuguinea, mit Perücke und Blumenschmuck. Ketten aus Zähnen und Früchten, Armreifen aus Perlmutter. Rock aus Bastgewebe.

10 **das Pfahlhaus (Baumhaus).** Die Häuser der Papuas sind so gebaut, daß sie wie Festungen vor jedem Feind Schutz bieten. Mit Waffen ausgestattet.

11 **der Papuamann,** festlich zum Tanz geschmückt, mit der Sanduhrtrommel. Bastschurz.

12 **der Dukduktänzer,** Angehöriger eines Männergeheimbundes. Kegelförmige Kostüme mit Blattschmuck. Maskenhüte mit weißen Augenausschnitten, spitz aufgetürmt.

13 **der melanesische Fischer.** Mit Flachbogen und Pfeil geht er auf Fischfang.

14 **die Dau,** Segelschiff mit dreieckigem Segel an einer langen Rah (bewegliche Stange, die am Mast befestigt ist).

15 **der australische Ureinwohner,** lebt noch in einfachsten Verhältnissen. Werkzeuge und Waffen aus Holz und Stein. Ist Jäger, Sammler, Fischer.

16 **der Bumerang,** etwa 60 cm langes, rundes Wurfholz, in der Mitte geknickt und abgeflacht. Kehrt in großem Bogen zum Werfer zurück.

17 **die Speerschleuder,** stab- oder brettförmig, aus Bambus. Verstärkt beim Schleudern der Speere die Kraft des Armes.

18 **der Dingo,** Wildhund, ist etwa so groß wie der Schäferhund. Rotbraunes Fell. Lebt in Rudeln, Raubtier.

19 **der Windschirm,** oft einziger Unterschlupf der Eingeborenen. Schützt sie und vor allem ihr Feuer vor Wind und Wetter.

20 **das Känguruh;** starke Hinterbeine, kräftiger Schwanz (Stützschwanz), kleiner Kopf, bewegt sich springend vorwärts, lebt in den Grassteppen Australiens, Jagdtier.

21 **das Rind,** wird in Eingeborenendörfern als Haustier gehalten.

22 **das Auslegerboot,** typisches Fahrzeug der Südsee. Stämme (Auslegerbäume), mit dem Boot durch Stangen verbunden, schützen vor dem Kentern.

23 **der eingeborene Inselbewohner,** an der Schlitztrommel. Signalinstrument. Ausgehöhlter Holzstamm.

24 **der australische Ureinwohner,** beim Speerwerfen mit dem Wurfholz. Die Kraft des Armes wird durch die Speerschleuder verstärkt.

25 **der Ureinwohner** in Zentralaustralien. Symbolische Festtänze bei der Aufnahme der Knaben in die Männergemeinschaft. Das Schwirrholz (schwirrendes Geräusch!) spielt bei feierlichen Handlungen eine große Rolle.

26 **das Schaf.** Ausgedehnte Schafzucht in Australien.

27 **der weiße Australier,** Landarbeiter, Viehzüchter, Klein- oder Großstädter.

28. **die Karavelle,** stark gebautes Segelschiff des 15. und 16. Jahrhunderts. Auf dem Heck Wohnhütte.

29 **die Maorifrau.** Die Maori sind die Eingeborenen von Neuseeland. Wohnen in Hütten, haben Vorratshäuser. Kunstvolle Schnitzereien.

30 **das Maorihaus,** rechteckige Giebeldachhütte. Wohnhäuser und Vorratshäuser. Die Häuser der Häuptlinge sind reich verziert mit Schnitzereien.

Herr Hansen erzählt über Australien

Beim nächsten Besuch bringt Peter Monika mit. Sie sitzen wieder alle in des Kapitäns Wohnzimmer, und Herr Hansen, der Schafzüchter und Zoobesitzer, hat einige Fotos herausgesucht, die er den Kindern zeigen will. Zuerst betrachten sie Bilder, die einige Männer auf den Farmen Herrn Hansens bei der Arbeit zeigen. Herr Hansen erzählt nun: „Ich habe einmal versucht, einen Dingo zu zähmen. Der Dingo ist der größte Feind aller australischen Schafzüchter. Er lebt in Rudeln und reißt die Schafe, wie wir sagen. Bei diesem Tier ist mir die Zähmung gelungen." Auch Beutelwölfe, Känguruhs und Warane sehen die Kinder. Dann sagt Peter: „Ich habe vor einiger Zeit gelesen, daß Australien die Heimat der Eukalyptusbäume ist. Es soll aber auch Rieseneukalyptusbäume geben. Haben Sie welche gesehen?" „Ja, natürlich!" erwidert Herr Hansen. „Das ist ja außer dem Flaschenbaum und der Schirmakazie d e r Baum in Australien", wirft der Kapitän ein. „Ich habe den Eukalyptusbaum allerdings nur im Norden des Landes gesehen." — „Das stimmt", antwortet sein Bruder, „im Norden und Osten ist das Land mehr mit Pflanzen bewachsen. Der Süden ist nur in den schmalen Küstengebieten einigermaßen fruchtbar. Dort hat man Obst und Getreide — hauptsächlich Weizen — und an den Flußläufen sogar Wein." Peter ist noch nicht zufriedengestellt: „Ich hätte gern gewußt, wie groß so ein Rieseneukalyptusbaum wird." Herr Hansen weiß auch das: „Die größten werden ungefähr bis zu 150 m hoch. Mindestens 15 Kinder wie ihr zwei wären nötig, um den Stamm zu umspannen." Das können sich die beiden Kinder kaum vorstellen. Peter fragt: „Es gibt doch dort auch Grasbäume, nicht wahr?" — „Ja", sagt Herr Hansen, „die australische Pflanzenwelt hat noch viele Besonderheiten, genauso wie die australische Tierwelt. Hier habe ich ein Bild mit einem Grasbaum." Peter ruft: „Wie seltsam er aussieht! Ein dicker Stamm, ganz ohne Äste, und oben nichts als ein großes Grasbüschel." Da verbessert Monika ihn: „Das ist kein Gras in dem Büschel auf dem Stamm. Es sind die Blätter des Baumes, nicht wahr?" Genau weiß Monika es nicht, sie denkt es sich nur so. Darum freut sie sich, als Herr Hansen sagt, daß sie recht habe. Er zeigt gleich noch ein ähnliches Bild. „Sieht der Stamm dieses Baumes nicht wie eine Flasche aus?" fragt er. Wie aus einem Mund sagen Monika und Peter: „Es ist ein Flaschenbaum." — „Ja", kommt die Antwort, „in der Verdickung des Stammes speichert der Baum die Feuchtigkeit. Er wächst nämlich in den Trockenländern." Jetzt aber rückt Monika mit einer ganz anderen Frage heraus. „Wie sieht eigentlich ein Beuteltier aus? Die Beuteltiere leben doch auch in Australien. Hat es Ähnlichkeit mit den Känguruhs in unserem Zoo? Das kommt ja auch aus Australien." Da müssen die drei Männer laut lachen. Kapitän Hansen aber wird gleich wieder ernst. Zu Monika sagt er: „Man kann nicht alles wissen, nicht wahr?" Und zu Peter: „Wenn du alles wüßtest, würdest du mich nicht so oft fragen. Beantworte deiner Schwester einmal die Frage!" Das tut Peter nur zu gern. „Känguruhs sind doch Beuteltiere. Alle Tiere, bei denen die Weibchen ihr neugeborenes Junges noch eine Weile im Beutel mit sich herumtragen, sind Beuteltiere. Es gibt in Australien keine Wölfe, sondern Beutelwölfe, keine Dachse, sondern Beuteldachse, keine Bären, sondern Beutelbären, keine Mäuse, sondern Beutelmäuse. Sie alle haben mit unseren Wölfen, Dachsen, Bären,

Mäusen gar nichts zu tun. Sie sehen nur so ähnlich aus. Die Känguruhs sind sozusagen die ‚Beutelhirsche'. Es gibt dort überhaupt keine anderen Säugetiere als Beuteltiere und Schnabeltiere." Kapitän Hansen nickt beifällig. Aber sein Bruder muß doch etwas berichtigen. „Seitdem Europäer in Australien leben, gibt es dort schon auch andere Säugetiere. Denkt doch nur an die Schafe, die Kaninchen! Auch richtige Hirsche, Rehe, Füchse sind hingebracht worden. Und der Dingo war schon vorher mit den Ureinwanderern hinübergekommen. Aber sonst hat Peter ganz recht." Monika möchte jetzt von etwas anderem sprechen. Sie zeigt auf die Bilder: „Sie haben da noch mehr Bilder, Herr Hansen." — „Ja, natürlich", sagt der und gibt wieder einige herum. Dann greift er in die Jackentasche und holt ein kleines Kästchen hervor. Monika hat es wohl gesehen, aber Peter ist ganz vertieft in die Betrachtung eines Bildes. Das sieht beinahe wie eine riesige Bergwerksanlage aus, denkt er und fragt Herrn Hansen: „Ich dachte gar nicht, daß es bei Ihnen so riesige Bergwerke gibt. Wird da Gold gewonnen?" „Das ist kein Bergwerk, in dem Gold gefördert wird", entgegnet Herr Hansen, „Gold wird im Tagebau abgebaut. Es gibt umfangreiche Goldvorkommen bei uns. Das, was du auf diesem Bild siehst, ist ein Kupferbergwerk. Damit hat es eine besondere Bewandtnis. Als ich vor vielen Jahren einen größeren Landstrich kaufte, wußte ich noch nicht, daß mir das einmal sehr viel Geld einbringen würde. Ich wollte dieses Gebiet als Weideland haben, und einige Jahre hatten meine Schafe und Schweine auch schon ihre Nahrung davon bekommen. Eines Tages kamen einige Herren zu mir und fragten, ob sie dieses Land von mir kaufen könnten. Ich lehnte ab. Vier Wochen später waren sie wieder da und boten eine viel größere Summe als beim ersten Mal. Da überlegte ich mir, daß mit dem Land wohl etwas los sein müsse. Mit einigen Arbeitern und einigen Fachleuten stellte ich etwas ganz Tolles fest." Herr Hansen macht erst einmal eine kleine Pause. Er holt sich eine Zigarre heraus, zündet sie in aller Ruhe an und stößt ein paar Rauchwolken von sich. Unser Peter zappelt schon vor Ungeduld: „Das ist ja spannend. Erzählen Sie bloß schnell weiter, sonst platze ich noch vor Neugier." Kapitän Hansen schmunzelt: „Ich auch. Los, Hans, weiter!" Herr Hansen läßt sich nicht aus der Ruhe bringen: „Ich war damals genauso aufgeregt. Also, wir stellten fest, daß sich auf meinem Lande — eigentlich muß man sagen, unter meinem Lande — riesige Kupferlager befanden." Monika ruft: „Und dann weiter?" — „Ich habe das Land der Regierung zum Kauf angeboten. Wenn ich selber hier ein Bergwerk hätte errichten wollen, so hätte ich dazu sehr viel Geld gebraucht. Das hatte ich aber damals nicht. Außerdem wollte ich viel lieber Tierzüchter bleiben und meinen Schafen die Treue halten. Das Bild zeigt euch, was inzwischen dort entstanden ist. Ich habe natürlich einen sehr anständigen Preis für mein Land verlangt und auch bekommen. Übrigens ist es einem Bekannten von mir vor längerer Zeit ähnlich ergangen. Es war aber nicht Kupfer in der Erde, sondern Erdöl. Auf seinem Gebiet stehen jetzt viele Fördertürme, und es wird eine Menge Öl aus der Erde geholt." Dann öffnet Herr Hansen das Kästchen, holt ein Stück rotglänzendes Metall heraus und zeigt es den Kindern.

Später, beim Abschied, meint der Gast aus Australien: „Wenn ihr beide groß geworden seid, müßt ihr mich unbedingt in Queensland besuchen."

1 **Das Kupfer,** rotes Schwermetall für elektrische Leitungsdrähte, Bleche, Münzen. In Bergwerken gefördert.

2 **die Banane,** einjährige Staude, bis 10 m hoch. Blätter bis 2 m lang. Am heruntergebogenen Blütenschopf bis über 100 Bananen.

3 **die Agave,** Liliengewächs. Dicke, fleischige Blätter, deren Fasern zu Matten und Tauen verarbeitet werden.

4 **der Hanf,** bis 4 m hohes Kraut. Liefert Hanffasern für Bindfaden, Taue, Säcke und Segeltuch. Aus Hanfharz wird Haschisch (Rauschgift) gewonnen.

5 **das Gold,** Edelmetall, wird durch Auswaschen goldhaltigen Gesteins gewonnen. Verwendung für Schmuck und Münzen.

6 **der Reis,** bis 1,80 m hohes Getreidegras. Meistens Sumpfpflanze. Früchte in Rispen, wichtiges Nahrungsmittel.

7 **die Kokospalme,** bis 30 m hoch. Vielseitige Verwendungsmöglichkeit: Kokosnüsse frisch als Nahrung, getrocknet (Kopra) als Rohstoff für Fette, Seifen und Kerzen, Knospenspitzen als Gemüse, Blütensaft als Palmwein, Fasern der Früchte für Flechtwerk, Holz.

8 **die Sagopalme,** Fiederpalme, bis 12 m hoch. Blätter bis 7,5 m lang. Blühen nach 15 Jahren, sterben nach Fruchtbildung ab. Aus stärkehaltigem Mark des Stammes Sago.

9 **der Baumfarn,** baumförmiger Farn der tropischen Wälder. Stamm armdick, mehrere Meter hoch. Oben Rosette aus Blättern, bis 3 m lang.

10 **das Eisen,** Schwermetall, wichtig für die Schwerindustrie. Die Eisenerze werden in Bergwerken gefördert. Im Hochofen wird Eisen daraus gewonnen.

11 **der Pfeffer,** Kletterstrauch, der an Stangen gezogen wird. Die im Fruchtfleisch getrockneten Samen sind das scharfe Gewürz.

12 **die Baumwollpflanze,** hoher Strauch. Früchte mit watteartigen Samenhaaren, die zu Baumwollstoffen versponnen und verwebt werden.

13 **die Kannenpflanze,** Kletterstrauch. Am Ende der Blätter Insektenfangkannen, zuweilen mit Deckel. In der Kanne Verdauungsflüssigkeit.

14 **die Tabakpflanze,** Nachtschattengewächs. Blätter groß und breit. Anbau vorwiegend in tropischem und subtropischem Klima. Blätter werden getrocknet und bearbeitet; Tabak.

15 **die Erdölgewinnung.** Erdöl ist ein wichtiger Rohstoff, aus dem Benzin, Leuchtöl, Treibstoffe für Dieselmotoren, Heiz- und Schmieröle gewonnen werden.

16 **die Gewürznelke,** unentwickelte, getrocknete Blüte des Gewürznelkenbaumes.

17 **der Kautschukbaum,** bis 20 m hoch. Milchiger Saft wird durch Anritzen der Stämme gewonnen. Daraus Kautschuk.

18 **die Fächerpalme,** Palme mit handförmig geteilten Blättern.

19 **der Schraubenbaum (die Schraubenpalme),** Baum oder Strauch am Meer oder im Urwald. Oft Kletterpflanze mit Luftwurzeln, oft palmenähnlicher Baum mit Stelzwurzeln.

20 **die Kohle,** in Bergwerken gewonnen. Zum Heizen gebraucht: in Öfen, Lokomotiven, Kraftwerken. Aus Kohle wird auch Benzin und anderes gewonnen.

21 **Edelsteine,** sehr harte Mineralien verschiedener Farbe. Geschliffen als Schmucksteine. Der härteste Edelstein ist der Diamant.

22 **der Kaffeestrauch,** immergrüner Strauch oder Baum, bis 6 m hoch. Blüten weiß, stark duftend. In roten Beeren je 2 Samen (Kaffeebohnen).

23 **der Eukalyptusbaum,** bis 150 m hoch, Durchmesser bis 8 m. Kleine Blätter, die senkrecht zum Licht stehen, darum wenig Schatten. Steht in lockeren Wäldern.

24 **das Silber,** Edelmetall. Verwendung zu Schmuck und Münzen.

25 **der Flaschenbaum,** mit Kakaobaum verwandt. Stamm flaschenförmig.

26 **die Ananas.** In einem Busch langer, spitzer Blätter nahe dem Boden sitzt die große, oft 4 kg schwere, zapfenförmige Sammelfrucht.

27 **Zuckerrohr,** bis 6 m hohes Gras, Blätter ähnlich wie beim Mais. Zuckergewinnung. Das Zuckerrohrfeld sieht wie ein großes Schilfdickicht aus.

28 **die Araukarie,** bis 60 m hoher Nadelbaum. Starker gerader Stamm, Äste stehen in Quirlen, Nadeln kantig, Zapfen kugelig. Die mehlhaltigen Nadeln verwenden die Eingeborenen als Nahrungsmittel.

29 **die Schirmakazie,** Baum mit breit ausladender Krone, bis 15 m hoch, auch mit mehreren Stämmen. Liefert Gummi, Gerbstoffe und Nutzholz.

30 **der Grasbaum,** Liliengewächs. Dicke Stämme, am Ende Büschel von Grasblättern und Ährenbüschel. Bis 4 m hoch.

31 **das Stachelkopfgras,** Blätter stehen in Büscheln. Wächst in Trockensteppe, Blätter eingerollt, hart und spitz.

32 **der Weizen,** Getreidepflanze, gehört zu den ältesten Feldpflanzen. Wichtige Brotfrucht.

33 **der Weinstock,** Kletterpflanze. Liebt warme Gebiete, Südhänge. Braucht sorgfältige Pflege. Viele Schädlinge.

34 **der Apfelbaum.** Im Südosten Australiens gedeihen Obstbäume. Die Früchte sind eine wichtige Ausfuhrware.

29 KW-NA

Kapitän Hansen schreibt aus Australien

Kapitän Hansen ist mit seinem Bruder nach Australien gefahren, und Peter wartet nun täglich auf einen Brief. Fast will er schon ungeduldig werden, aber eines Tages liegt auf seinem Arbeitsplatz im Kinderzimmer ein dicker Doppelbrief. Er ist tatsächlich von Kapitän Hansen. Der Junge steht an den Tisch gelehnt und dreht den braunen Umschlag in seinen Händen hin und her. Nachdem er den Absender entziffert hat, greift er in die Hosentasche, bringt ein Taschenmesser zum Vorschein und schlitzt damit den Brief auf. Dann liest er:

Lieber Peter! Liebe Monika!

Nach einer beschwerlichen Flugreise sind wir vor einigen Tagen auf dem kleinsten Erdteil angekommen. Die Flugreise war für mich deshalb beschwerlich, weil ich an das Wasser gewöhnt bin. Wir sind aber heil in Darwin gelandet, von dort aus fuhren wir mit einem Schiff weiter. Die Schiffsreise gefiel mir weitaus besser. Anschließend mußten wir noch viele Stunden mit der Eisenbahn und dem Auto unterwegs sein, bis wir dann endlich auf der Farm meines Bruders eintrafen. Ihr könnt Euch denken, liebe Kinder, daß ich nachher erst einige Tage ausruhen mußte. Nun bin ich aber ganz wiederhergestellt. Ich werde in nächster Zeit noch keine Ruhe haben, denn mein Bruder hat sich vorgenommen, mir Australien zu zeigen. Er sagte gestern: „Du bist als Seemann immer nur an den Küsten gewesen. Mit dem Schiff kommt man eben nur in die Häfen, darum sollst du auch einmal das Landesinnere kennenlernen." Er ließ sich von seinem Plan nicht abbringen. Er hat mir schon gesagt, daß wir meistens mit dem Auto unterwegs sein müßten, denn Eisenbahnen gäbe es in Australien nicht sehr viele. An den Küsten, vor allem im Süden und Osten, gibt es genug Eisenbahnstrecken, aber hier im Norden sind sie selten. Die Australier sind viel mit dem Auto unterwegs. Wenn sie es einmal sehr eilig haben, so fliegen sie. Die meisten Flugstrecken führen aber vom Lande weg zu den anderen Erdteilen, und innerhalb des Landes sind die Flugverbindungen gar nicht sehr gut. Ich habe Euch schon geschrieben, daß wir von Darwin bis Normanton mit dem Schiff gefahren sind. Die Schiffahrt ist auch an den anderen Küsten Australiens, also an der Süd-, Ost- und Westküste, sehr gut organisiert. Ich würde ja am liebsten mit dem Schiff fahren, aber die Besitzungen meines Bruders liegen nicht an der Küste.

Ich habe mir heute vormittag den Tiergarten angesehen, den mein Bruder angelegt hat. Er gefällt mir so gut, daß ich ihn mir noch oft ansehen werde. Wenn wir von den verschiedenen Reisen zurückgekehrt sind, soll mit dem Bau des Seeaquariums begonnen werden. Die Zeichnungen sind bereits fertig.

Liebe Kinder, ich bitte Euch, Eure Eltern herzlich zu grüßen. Auch für Euch liebe Grüße von Eurem Käpt'n Hansen und Bruder.

Peter liest den Brief noch einmal. Er freut sich sehr, daß Kapitän Hansen an ihn gedacht und einen so ausführlichen Brief geschrieben hat. Er hatte es Peter aber auch beim Abschied versprochen.

Wie abends Herr Meyer nach Hause kommt, gibt ihm Peter ebenfalls den Brief des Kapitäns zu lesen. Danach entspinnt sich noch ein längeres Gespräch. Monika, die den Brief natürlich auch gelesen hat, fragt ihren Vater: „Papi, neulich sagte Peter, Australien sei der jüngste Erdteil. Ich habe nicht verstanden, wie er das meinte." Herr Meyer antwortet: „Weißt du, das könnte Peter dir eigentlich selbst erklären, denn ich wollte ganz gern meine Zeitung lesen. Aber ich sehe schon, Peter hat jetzt keine Zeit für deine Fragen, und so muß ich mal wieder dran glauben. Also paß auf! Mir fallen dabei gleich ein paar Namen ein. Janszoon, Torres, Tasman und Cook. Ich hoffe, daß ich keinen wichtigen vergessen habe: Janszoon war ein Holländer und entdeckte 1605 die Nordküste Australiens. Er war also der erste Europäer, der mit dem Erdteil in Berührung kam." Nun schaltet Peter sich doch ein: „Es kann doch auch schon früher ein Europäer auf Australien gewesen sein. Vielleicht wußte er nicht, wo er war, oder seine Entdeckung wurde nicht bekannt!" Herr Meyer lächelt: „Da hast du natürlich recht. Janszoon aber war derjenige, der die Entdeckung in Europa bekanntmachte. Australien wurde also später entdeckt als Amerika." „Ich habe es schon ausgerechnet", sagt Monika, „Australien wurde 113 Jahre später entdeckt als Amerika. Nun verstehe ich auch, warum es der jüngste Erdteil ist. Und wer kam dann nach Australien?" Herr Meyer läßt Peter den Atlas holen und erzählt weiter: „Der nächste, der Genaueres über den neuen Erdteil sagen konnte, war Torres. Nach ihm ist diese Meeresstraße benannt." Dabei zeigt Herr Meyer auf die Wasserstraße, die zwischen Australien und Neuguinea hindurchführt. „In der Mitte des 17. Jahrhunderts fand dann Tasman die Westküste Tasmaniens und Neuseeland. Daß Tasmanien eine Insel ist, wurde aber erst 1698 entdeckt. 1770 umsegelte Cook die Insel Neuseeland. Die genaue Form Australiens, also seine Umrißkarte, kannte man damals noch nicht. Zu Beginn des 19. Jahrhunderts, ich glaube 1802, umsegelte man zum erstenmal Australien und legte dabei in einer Karte die Umrisse des Erdteils fest. Der Mann, der das tat, gab dem Erdteil auch den Namen ‚Australien'. Er hieß Flinders. Bist du nun zufrieden, Monika?" Herr Meyer greift zur Zeitung, aber nun ist es Peter, der noch etwas zu fragen hat: „Papi, was hat das eigentlich zu bedeuten, daß man sagt, Australien sei früher ein Verbannungs- oder Sträflingsgebiet gewesen?" „Hol mal das Lexikon, Peter, den ersten Band." Als Peter mit dem Buch zurück ist, schaut Herr Meyer hinein, dann erklärt er: „Ich hatte nur die Jahreszahl vergessen. Es war 1788, als die erste europäische Ansiedlung in Australien gegründet wurde. Es handelte sich um eine englische Sträflingskolonie. Später sind dann natürlich nicht nur Sträflinge nach Australien gekommen, sondern viele europäische Auswanderer haben dort eine neue Heimat gefunden." Monika hat noch etwas auf dem Herzen: „Ich denke, Sträflinge gibt es nur in Gefängnissen?" — „Nein", antwortet Herr Meyer, „früher hat man sie oft aus dem Land gewiesen und in fremde, unwirtliche Erdteile geschickt. Dort mußten sie dann schwer arbeiten." Jetzt lassen die Kinder ihren Vater in Ruhe, und er kann seine Zeitung lesen. Peter und Monika schauen sich die Karte von Australien an und suchen die Orte auf, in denen Kapitän Hansen mit seinem Bruder gewesen ist.

STILLER OZEAN
INDISCHER OZEAN
WÜSTE
Bangkok
Saigon
Manila
Davao
Singapur
Padang
Palembang
Kutsching
Brunei
Bandjarmasin
Makassar
Manado
Sorong
Waren
Rabaul
Daru
Port Moresby
Djakarta
Darwin
Wyndham
Derby
Halls Creek
Newcastle Waters
Rutland Plains
Townsville
Mont Isa
Cloncurry
Onslow
Alice Springs
Brisbane
Geraldton
Perth
Adelaide
Sydney
Melbourne
Hobart
Auckland
Christchurch
Dunedin
A B C D E F G H I J K L M N O P Q R S T U V
1 2 3 4 5 6 7 8 9 10 11 12 13 14 15 16 17 18 19 20 21 22

1 **Die Grenze,** eine durch Grenzzeichen markierte Linie, die das Gebiet eines Staates von benachbarten Staatsgebieten trennt.

2 **die Autostraße,** ein wichtiger Verkehrsweg, besonders in den Wüstengebieten; im Innern des Landes verbindet sie die Endpunkte der Eisenbahnen.

3 **die Eisenbahn.** Eine Hauptstrecke im Süden Australiens verbindet die großen Hafenstädte an der Ostküste mit der Westküste. Von den Häfen führen Teilstrecken in das Landesinnere, eine Nord-Süd-Verbindung besteht noch nicht.

4 **der Mekong,** ein 4500 km langer Strom in Südostasien. Mehrere Stromschnellen, auf Teilstrecken schiffbar.

5 **Singapur,** Hauptstadt des neuen Staates Singapur. Liegt an der Spitze einer langen Halbinsel, besitzt den wichtigsten Hafen ganz Südostasiens und drei große Flughäfen. Die meisten Verkehrsflugzeuge, die von Europa nach Südostasien und nach Australien fliegen, landen hier. Die Einwohner sind zum größten Teil Chinesen. Schiffsbau, Fischerei, Konservenfabriken (Ananas), Zinnindustrie.

6 **das Flugzeug,** das modernste und schnellste Verkehrsmittel zur Überwindung der großen Wüstengebiete im Landesinnern sowie im Verkehr mit den übrigen Erdteilen.

7 **Djakarta,** die Hauptstadt von Indonesien und der bedeutendste Handelshafen des Landes.

8 **Darwin,** Hafenstadt an der Nordküste von Australien, wichtiger Flughafen und Flottenstützpunkt. Von Darwin führt ein wichtiger Verkehrsweg quer durch die öde Mitte des Erdteils zur Südküste. Anfangs- und Endstrecke: Eisenbahn; das Mittelstück: Autostraße.

9 **Townsville,** Hafenstadt an der Ostküste von Australien, Ausgangspunkt einer Bahn ins Landesinnere, Flughafen.

10 **das Kleinflugzeug,** ein Privatflugzeug, mit dem viele Plantagenbesitzer und Farmer die oft sehr großen Entfernungen bis zur nächsten Stadt in kurzer Zeit zurücklegen.

11 **der Mähdrescher,** eine auf den Anbauflächen der großen Farmen bei der Weizenernte eingesetzte moderne Erntemaschine.

12 **Geraldton,** Stadt an der westaustralischen Küste. Ausfuhrhafen für Weizen und Wolle, Bahn zu den Goldfeldern im Landesinnern.

13 **Perth,** Stadt in Westaustralien nahe der Küste, Metallindustrie; Ausfuhr von Wolle und Weizen über einen Vorhafen. Ausgangspunkt der Überlandbahn zur Ostküste.

14 **Brisbane,** wichtige Hafenstadt an der Ostküste, Handelsplatz und Ausfuhrhafen für Wolle, Weizen und Fleisch; Textil- und Stahlindustrie.

15 **das Industriegebiet bei Sydney,** an der australischen Ostküste. Verarbeitung von Eisenerz, das Schiffe heranbringen, zu Roheisen und Stahl.

16 **Adelaide,** wichtige Hafenstadt in Südaustralien; Woll- und Maschinenindustrie; Ausfuhr von Weizen, Wolle und Häuten.

17 **der Darling,** Fluß in Südostaustralien, mündet in den Murray, nur zeitweise schiffbar.

18 **der Murray,** der Hauptfluß von Australien, 2570 km lang, ab Mittellauf schiffbar; Staudämme für die Bewässerung von Trockengebieten im Bau; in Kraftwerken wird elektrischer Strom erzeugt werden.

19 **Melbourne,** bedeutende Stadt an der Südostküste des Erdteils, wichtiger Hafen und Handelsplatz; großer Flughafen und Bahnknotenpunkt; Stadion der Olympischen Spiele von 1956.

20 **Sydney,** größte Stadt und wichtigster Hafen von Australien, bedeutender Handelsplatz; Ausfuhr von Getreide, Fleisch und Wolle; vielseitige Industrie, Knotenpunkt der Eisenbahnen und Fluglinien.

21 **Auckland,** größte Stadt von Neuseeland, auf der Nordinsel, wichtigster Ausfuhrhafen des Landes für Wolle, Fleisch und Butter. Flottenstützpunkt und Flughafen.

22 **das Handelsschiff,** ein Frachtdampfer für den Verkehr zwischen den Hafenstädten, den vielen Inseln und den anderen Erdteilen. Fleisch, Wolle, Weizen und andere Landeserzeugnisse werden bis nach Europa gebracht.

A = Birma
B = Thailand
C = Laos
D = Süd-Vietnam
E = Kambodscha
F = Malaysia
G = Singapur
H-L = Indonesien, ein Staat, der aus zahlreichen Inseln besteht, die zwischen Australien und Asien liegen. Die größten Inseln sind:
H = Sumatra
I = Borneo
J = Celebes
K = Java
L = Sundainseln
M = Philippinen
N = Brunei
O = Westirian (zu Indonesien)
P = Australisch-Neuguinea
Q = Neuseeland
R = Karolinen (zu USA)
S = Britische Salomonen
T = Neue Hebriden (britisch-französischer Gemeinschaftsbesitz)
U = Neukaledonien (französisch)
V = Timor (portugiesisch)

Monika und Peter haben sich vorgenommen, ins Kino zu gehen. Monika hat zuerst keine Lust gehabt, denn die Kinder müssen den Eintritt von ihrem Taschengeld bezahlen. Sie hat sich dann aber doch von Peter überreden lassen. Nun sitzen sie erwartungsvoll auf ihren Plätzen in der vierten Reihe. In großen Buchstaben erscheint der Filmtitel auf der Leinwand: Menschen am Nordpol.

„Ich habe bisher nicht gewußt, daß dort auch Menschen leben", flüstert Monika ihrem Bruder ins Ohr. Peter lacht: „Ich auch nicht, Monika." Das Mädel blickt ihn verwundert an: „Warum lachst du denn so?" Peter antwortet leise: „Paß nur auf, dann wirst du schon sehen, wie das gemeint ist!" Sie wenden ihre Aufmerksamkeit der Leinwand zu. Ein Flugzeug wird startfertig gemacht, und der Sprecher fordert die Kinozuschauer auf, dieses Flugzeug auf einem Flug in nördlicher Richtung zu begleiten. Es ist ganz gleichgültig, von welchem Ort der Erde aus eine Maschine startet, wenn sie genau in nördlicher Richtung fliegt, so muß sie immer zum Nordpol kommen. Das Flugzeug befindet sich bereits hoch in der Luft. Einmal ist auf der Leinwand das Flugzeug selbst zu sehen, ein andermal wird eines der Besatzungsmitglieder gezeigt, aber auch die Landstriche werden sichtbar, über die das Flugzeug — immer Kurs nach Norden — hinwegbraust. Sehnsüchtig denkt Peter: „Könnte ich das doch selbst vom Flugzeug aus sehen." Es ist ganz genau zu erkennen, wo ein Wald ist, wo sie über Äcker und Wiesen hinwegeilen und wo Städte und Dörfer in die Landschaft eingebettet liegen. Wie feine Linien oder breite Bänder sehen die Flüsse und Ströme aus. Der Sprecher erklärt, daß zunächst einige europäische Länder überflogen würden, dann aber das europäische Festland verlassen und das Nördliche Eismeer angesteuert würde. „Wir nähern uns jetzt mehr und mehr dem Gebiet, in dem während eines großen Teiles des Jahres Nacht ist. Unmittelbar am Pol geht die Sonne 186 Tage lang nicht unter, in der übrigen Zeit — das sind 179 Tage — ist sie jedoch überhaupt nicht zu sehen." So berichtet der Sprecher. Während das Flugzeug den Nordpol anfliegt, muß gerade die Zeit der Helligkeit sein, denn auf der Leinwand ist eine riesige Fläche zu sehen, die wie ein weites Meer aussieht. Peter überlegt gerade, ob es Wasser sein kann, als der Sprecher auch schon erklärt, daß sich vor den Blicken der Zuschauer die Weite des Nördlichen Eismeeres auftue. Das Meer führe an den meisten Stellen immer Eis, und ewiges Eis sei auch am Nordpol zu finden. Dann verliert das Flugzeug an Höhe, und nun sind auch Eisschollen zu sehen und die großen Eisflächen deutlich zu erkennen. „Schon seit langem versuchten Menschen immer wieder, Reisen zum Nordpol zu unternehmen", tönt die Stimme des Sprechers, „viele von ihnen scheiterten an den Wetterverhältnissen. Sie sehen nun einige Bilder von diesen früheren Reisen zum Nordpol. Die Bilder sind zum Teil Originalaufnahmen oder Originalfilme, die auf der Expedition gemacht wurden." Das Bild eines amerikanischen Polarforschers wird gezeigt. „Frederick Albert Cook will als erster den Nordpol erreicht haben. Dasselbe behauptet aber auch ein anderer amerikanischer Polarforscher von sich. Er heißt Robert Peary. Peary und Cook waren also die ersten Menschen, die bis zum Nordpol vorgedrungen sind. Der Streit zwischen diesen beiden Forschern, der im Jahre 1909 begann, ist nie restlos geklärt worden", erläutert der Sprecher. Während er spricht, werden Fotografien gezeigt, auf denen mehrere Hundeschlitten durch eine endlos weite Schnee- und Eislandschaft fahren. „So sind die ersten Menschen zum Nordpol gelangt. Wieviel einfacher war es dann schon für die Forscher, die mit dem Luftschiff oder mit Flugzeugen den Nordpol erreichen konnten. Aber auch das war ein gefährliches Unternehmen. Niemand wußte etwas über die Wetterverhältnisse im Polgebiet, und die Flugzeuge waren noch nicht so gut ausgerüstet und sicher wie heute." Auf der Leinwand ist inzwischen das Bild eines Luftschiffes erschienen. Der Sprecher berichtet: „In diesem Luftschiff unternahm Roald Amundsen zusammen mit italienischen Polarforschern den Flug über den Nordpol im Jahre 1926. Ein amerikanischer Forscher namens Richard E. Byrd überflog ebenfalls im Jahre 1926 den Nordpol. Nach diesen ersten Schritten in der Erforschung der Arktis, wie das Gebiet um den Nordpol herum genannt wird, unternahm man immer wieder Reisen zum Nordpol und zu den umliegenden Landgebieten. Heutzutage sind rund um den Nordpol sogar Flugplätze errichtet." Im Film sehen Peter und Monika nun einen solchen Flugplatz. Sie bemerken kaum, daß die Flugzeuge und Gebäude auf dem Eise stehen. Der Sprecher erklärt dazu, daß es heute gar nicht mehr schwierig sei, über den Nordpol zu fliegen. Mehrere Flugstrecken führen über den Pol, weil dadurch die Flüge um ein Vielfaches kürzer sind. Auf dem Bildschirm erscheint wieder das Flugzeug, mit dem die Zuschauer zu Beginn des Films bekannt gemacht worden sind. Auch die Besatzungsmitglieder stellen sich noch einmal vor und führen dem Kinopublikum eine Landung auf dem Eise in der Nähe des Nordpols vor. Als die Landung glücklich durchgeführt ist, erscheint auf der Leinwand wiederum das Bildnis eines Mannes im Großformat. Der Sprecher bemerkt dazu: „Zum Schluß unserer Arktisreise wollen wir noch weiterer Männer gedenken, die sich ebenfalls erhebliche Verdienste um die Erforschung der Arktis erworben haben. Zunächst zeigen wir hier das Bild Fridtjof Nansens, der mit dem Schiff „Fram" und vielen Getreuen bis weit in das Nördliche Eismeer vorstieß. Im Jahre 1893 ließ Nansen das Schiff im Eis einfrieren. Drei Jahre blieb es im Eis eingeschlossen. Als es wieder freikam, befand es sich an einer ganz anderen Stelle. So war erwiesen, daß das Eis nicht stillliegt, sondern dahintreibt, ‚driftet'." Das Bild wechselt, und der Sprecher fährt fort: „Hier ist das Bildnis eines Mannes, der im Jahre 1930 auf einer Forschungsreise in den Eiswüsten Grönlands sein Leben ließ. Es ist der in Berlin geborene Hochschullehrer Alfred Wegener. Die Expedition wurde nach seinem Tode von seinem Bruder Kurt Wegener zu Ende geführt."

1 **Anchorage,** größte Stadt von Alaska, bedeutender Flugstützpunkt auf der Strecke über den Nordpol.

2 **die ständige meteorologische Station,** eine weit nach Norden vorgeschobene Beobachtungsstelle, deren Meldungen über die Witterungsverhältnisse die Grundlage für die Wettervorhersage für den Flug- und Schiffsverkehr bilden.

3 **das Ren (Rentier),** Hirschart, lebt in Herden, beide Geschlechter tragen ein Geweih. Sehr dichtes Fell, das die Tiere im Winter vor der schneidenden Kälte schützt. Nahrung: Gras, Kräuter, im Winter Flechten und Moose, die aus dem Schnee gescharrt werden.

4 **der Silberfuchs,** Fuchs des hohen Nordens. Das Fell ist an den Spitzen silbrig weiß, am Grunde dunkel. Schwanz schwarz mit weißer Spitze. Lebensweise wie der Rotfuchs.

5 **der Fallensteller.** Im Norden Amerikas werden viele Pelztiere mit Fallen gefangen.

6 **der Seehund,** Robbe, bis 2 m lang. Gliedmaßen zu Flossen umgewandelt, sehr geschickter Schwimmer. Auf dem Lande ungeschickt in seinen Bewegungen.

7 **der Eskimo,** lebt im hohen Norden Amerikas. Fellkleidung, die oft schön verziert ist. Wohnung: Zelt, Schneehütte (Iglu). Die Eskimos treiben Fischfang und Jagd, jagen mit Harpunen und Speeren, oft vom Boot aus. Boot der Männer heißt Kajak, Boot der Frauen Umiak.

8 **die Bartrobbe,** Hundsrobbe der nordpolaren Eisfelder. Name nach den Barthaaren. Im Eis halten die Robben Löcher zum Atmen offen.

9 **das Walroß,** eine mächtige Robbe, lebt am Eisrand und an Küsten. Bullen bis 4,50 m lang. Bis zu 75 cm lange Hauer (Elfenbein!). Die hinteren Flossen kann das Walroß unter den Körper ziehen und sich „auf allen vieren" fortbewegen. Nahrung: Muscheln, Krebse und anderes Seegetier; keine Fische.

10 **das Frachtschiff.** Es übernimmt den Verkehr an der sibirischen Küste; der Seeweg muß oft erst durch Eisbrecher freigemacht werden.

11 **der Eisbrecher,** ein besonders stark gebautes Schiff zum Aufbrechen der Eisschicht auf den Seewegen des Nördlichen Eismeeres.

12 **der Pelztierjäger.** In den weiten Wäldern des sibirischen Rußland ist die Pelztierjagd eine wichtige Einnahmequelle der Bevölkerung.

13 **der Polarforscher Robert Peary.** Er gelangte schon 1909 bis zum Nordpol; sein Weg ist auf der Karte als rote unterbrochene Linie eingetragen.

14 **das Luftschiff „Norge",** mit dem der große Polarforscher Roald Amundsen 1926 auf dem Flug von Spitzbergen nach Alaska den Nordpol überflog (rote punktierte Linie).

15 **die Polarhunde,** als Schlittenhunde bei Polarexpeditionen besonders bewährt.

16 **der Eisbär,** bis 2,80 m lang. Das weiße bis gelbliche Fell paßt ihn seiner Umgebung vorzüglich an. Kleiner, schmaler Kopf und schlanker Körper. Dichtes Fell und Fettschicht schützen ihn vor der Kälte. Nahrung: Robben, Seevögel und Fische, aber auch Gras, Moos und Beeren.

17 **der Moschusochse,** etwa 1 m hoch, schwarzbraunes, langhaariges Fell. Lebt in den Tundren der Arktis. Nahrung: Flechten, Moose und Gräser. Weil er schon fast ausgerottet war, steht der Moschusochse jetzt unter Naturschutz.

18 **die Sattelrobbe,** mit dem Seehund verwandt, etwa 2 m lang. Auf dem gelblichweißen Fell dunkelbrauner Fleck in Sattelform. In der Fortpflanzungszeit lebt sie im Treib- und Packeis des hohen Nordens.

19 **Grönland,** große Insel im Nordosten Amerikas. Im Innern vollständig von einer 2000 m hohen Eisschicht bedeckt, nur an der Westküste ein schmaler, eisfreier Küstenstreifen.

20 **die Forschungsexpedition** im Innern von Grönland.

21 **Godthåb,** Hauptort von Grönland, Flughafen.

22 **das amerikanische Atomunterseeboot.** Es erreichte erstmals unter der riesigen Eisdecke des Nördlichen Eismeeres den Nordpol.

23 **Spitzbergen,** eine norwegische Inselgruppe im Nördlichen Eismeer.

24 **die Eismöwe,** kräftiger Leib, kurzer Hals, ziemlich großer Kopf, kurzer Schwanz, an den Füßen Schwimmhäute. Die Eismöwen sind gute Schwimmer und fliegen ausgezeichnet. Fische und anderes Seegetier sind ihre Nahrung.

25 **der Passagierdampfer,** großes Fahrgastschiff auf der Fahrt zwischen Amerika und Europa.

26 **Keflavík,** wichtiger Flugstützpunkt auf der Insel Island im Flugverkehr von Kanada nach Nordeuropa.

27 **Shannon,** Flughafen und Luftverkehrsknotenpunkt an der Westküste von Irland, von großer Bedeutung für den Flugverkehr über den Atlantischen Ozean.

28 **das Verkehrsflugzeug,** fliegt auf seinem Weg von Alaska nach Europa über den Nordpol, verkürzt damit wesentlich die Flugstrecke.

29 **die Grenze zwischen Asien und Europa.** Sie verläuft von Nord nach Süd am Uralgebirge entlang, weiter bis zum Kaspisee und dann nördlich vom Kaukasus zwischen Kaspisee und Schwarzem Meer.

30 **das Nördliche Eismeer,** zwischen den Nordküsten von Nordamerika, Europa und Asien. Es ist mit dem Atlantischen Ozean und durch die Beringstraße auch mit dem Stillen Ozean verbunden.

STILLER
OZEAN
NORD-
AMERIKA
ASIEN
EUROPA
ATLANTISCHER
OZEAN
Anchorage
Godthåb
Keflavík
Shannon
1
2
3
4
5
6
7
8
9
10
11
12
13
14
15
16
17
18
19
20
21
22
23
24
25
26
27
28
29
30
31 KW–NA

Peter und Monika spielen Kino

Peter und Monika sind auf dem Heimweg vom Kino. Sie haben einen Film über den Nordpol gesehen. Monika sagt zu ihrem Bruder: „Ich möchte wissen, ob die Geschichte des Südpols auch so interessant ist." Peter denkt eine Weile nach, dann meint er: „Wir könnten doch alles zusammensuchen, was wir über den Südpol finden. Wir sehen im Lexikon nach, suchen Bilder und tun, als wollten wir einen Film über den Südpol vorführen." Monika ist begeistert. Zu Hause kann sie nicht schnell genug den Atlas, das Lexikon und andere Bücher herbeischleppen. Peter hat sich inzwischen überlegt, wie der Film ablaufen soll. Sogar einen Titel hat er für den Film: „Unser Wissen über den Südpol." Monika freut sich, wie Peter ihr erklärt, daß sie die Bilder auswählen soll. „Ich lese inzwischen im Lexikon den Artikel über den Südpol und bin der Sprecher. Der Film beginnt in einer halben Stunde", sagt Peter.

Dann ist es eine geraume Zeit still im Zimmer. Die Kinder blättern eifrig in den Büchern, legen hier und da einen Zettel hinein und schreiben sich einige Tatsachen auf. „Monika", ruft plötzlich Peter, „ich werde heute nicht fertig mit dem Film. Wir können ihn erst morgen vorführen!" Das Mädel ist zuerst enttäuscht, aber dann sieht sie, mit welcher Gründlichkeit Peter zu Werke geht, und sie ist einverstanden. Am nächsten Abend sitzen die Eltern im Wohnzimmer. Auch einige Kameraden Peters und Monikas Freundinnen sind gekommen. Monika und Peter zeigen ihren Film. Peter ist ein bißchen aufgeregt, als er seinen Filmbericht beginnt:

„Wir besteigen unseren Clipper. Das Flugzeug bringt uns von Südamerika aus in südlicher Richtung zum Südpol. Auf der Leinwand sehen wir zunächst unser Flugzeug und das Land, über das wir hinwegbrausen. Das Land hört jedoch sehr bald auf, und nur noch die endlos erscheinende Fläche des Meeres ist zu sehen. Die Maschine hat genauen Kurs auf den Südpol, vor uns taucht soeben die Spitze der Antarktischen Halbinsel auf. Wir befinden uns bereits in der Antarktis. Das bedeutet Gegenarktis, denn das Gebiet um den Nordpol heißt Arktis. Im Gegensatz zum Nordpol liegt am Südpol unter dem Eis ein großes Land, es heißt Antarktika. Stellenweise erhebt sich das Eis in einer gewaltigen Barriere aus dem Meer. Am Südpol ist es noch kälter als am Nordpol. Genau wie am Nordpol geht auch am Südpol monatelang die Sonne nicht unter. Und fast ein halbes Jahr ist es Nacht. Diese Flugreise zum Südpol findet genau ein halbes Jahr später statt als die Flugreise zum Nordpol, an der Monika und ich teilgenommen haben." — „Doch nur im Kino, Peter!" ruft Monika dazwischen. Der eifrige Peter läßt sich gar nicht stören: „Die Südpolreise muß ein halbes Jahr später stattfinden. Am Südpol ist es nämlich Tag, während am Nordpol Nacht ist." Monika hält eine Karte hoch, auf der die Antarktis zu sehen ist. Peter erklärt: „Das Land Antarktika ist so groß, daß man es den sechsten Erdteil nennt. Es besitzt die größte Hochebene der Erde. Der riesige Eisblock, der es bedeckt, ist 300 bis 1500 m stark. Monika, nimm den Atlas weg! Wir gehen jetzt mit unserer Maschine tiefer, damit wir die einzigen Lebewesen erkennen, die hier auf dem Eis ihre Heimat haben. Das sind die Pinguine, die nur an den Küsten leben. Im Inneren der Antarktis gibt es nämlich keine Landtiere, und keine einzige Pflanze gedeiht im ewigen Eis." Monika zeigt mehrere Bilder dieser drolligen

Vögel. Dann berichtet Peter von verschiedenen Expeditionen, die weit in das Innere des Landes vorgestoßen sind. Er erzählt von der Fahrt des englischen Seefahrers und Entdeckers James Cook, der in den Jahren 1772 bis 1775 um die Antarktis gesegelt ist. Monika hält wieder eine Karte hoch, und Peter zieht mit einem Zeigestock die Fahrtroute nach. Dann zeigt er auf den Südpol und erzählt: „Der erste Mensch, der bis zum Südpol vorstieß, war Roald Amundsen. Monika und ich haben ihn vor einigen Tagen in einem Film über den Nordpol gesehen. Den hat er auch erforscht. Amundsen erreichte den Südpol am 14. Dezember 1911. Schon vier Wochen später kam ein zweiter Forscher an diesen Punkt. Es war der Engländer Robert F. Scott. Er kam am 18. Januar 1912 am Südpol an. Während des Rückmarsches sind er und seine vier Begleiter vor Hunger und Kälte gestorben. Bis zum letzten Tag hat Scott ein Tagebuch geführt. Er und seine Begleiter waren sehr enttäuscht, als sie merkten, daß vor ihnen schon jemand am Südpol gewesen war. Das Tagebuch ist später gefunden worden. Es ist gedruckt worden und heißt: ‚Scotts letzte Fahrt'." Monika zeigt die Bilder von Scott und Amundsen. Dann gibt sie noch einige andere Bilder herum, die Antarktisexpeditionen zeigen. Sie nennt dazu drei Namen: „Drygalski, Shackleton und Filchner." Peter erzählt weiter: „Alle diese Männer haben in der Antarktis ein ehrendes Andenken gefunden, denn man hat Buchten, Berge oder Fjorde nach ihnen benannt. Eine Expedition muß ich noch nennen. Von ihr gibt es sehr viele Aufnahmen und Filme. Es war die bisher umfangreichste Expedition überhaupt. Sie stand unter der Leitung des amerikanischen Admirals und Antarktisforschers Richard Byrd. An der Expedition nahmen etwa 4000 Mitglieder teil. Außerdem waren ein U-Boot und ein Flugzeugträger eingesetzt. Während dieser Südpolexpedition wurden große Teile der Antarktis vermessen. Sie fand in den Jahren 1946 und 1947 statt."

Damit sind Peter und Monika am Ende ihres „Films" angelangt. Herr Meyer beschließt den Abend mit den Worten: „Ihr zwei habt da eine interessante Arbeit geleistet. Ich glaube, es hat auch den anderen gut gefallen. — Hinzufügen möchte ich noch, daß alle, die die Arktis und Antarktis erforscht haben, der Wissenschaft unschätzbare Dienste geleistet haben. Ohne ihre Arbeit könnte kein Flugverkehr über den Nordpol unterhalten werden. Hätten diese kühnen Männer keine Forschungsreisen unternommen, so wüßten wir über die Arktis und Antarktis sicher nicht so gut Bescheid, daß man zum Beispiel ein U-Boot unter dem Eis des Nordpols entlangfahren lassen könnte." Monika meint: „Und wir hätten euch nicht so viel erzählen und zeigen können." Alle müssen lachen. Beim Abschied fragt Peters Freund: „Peter, wollen wir beide nicht auch mal einen Film drehen?"

ATLANTISCHER OZEAN
STILLER OZEAN
Klein-Amerika
1
2
3
4
5
6
7
8
9
10
11
12
13
14
15
16
17
18
19
20
21
22
23

1 **Der Königspinguin,** bis 1 m groß; schlanker, scharfer Schnabel, an jeder Seite des Kopfes gelber Fleck. (Vgl. auch Nr. 7)

2 **der Blauwal,** größter Wal, längstes Säugetier, bis 31 m lang, eintönig grau (nicht blau). Nahrung: winzige Krebse.

3 **der Riesensturmvogel,** 90 cm lang, sehr lange Flügel. Das Federkleid ist oben gefleckt, unten weiß. Sehr gefräßig, raubt junge Pinguine.

4 **der Zwergwal,** kleiner Wal, bis 9 m lang. Oberseite schieferfarbig, Unterseite rötlichweiß.

5 **der Albatros,** großer Vogel, kurzer, dicker Hals, lange, schmale Flügel, kurzer Schwanz. Fliegt sehr ausdauernd und fast ohne sichtbare Bewegung der Flügel.

6 **der See-Elefant,** größte Art der Robben, bis 6 m lang. Beine zu Flossen umgewandelt, guter Taucher und Schwimmer. Auf dem Eis rutschende Fortbewegung.

7 **der Pinguin,** flugunfähiger Vogel. Es gibt viele verschiedene Arten. Die Flügel sind zu Schwimmrudern umgewandelt. Gewandte Taucher. Auf dem Land stehen sie aufrecht. Brüten in großen Kolonien.

8 **die ständige meteorologische Station,** eine weit nach Süden vorgeschobene Beobachtungsstelle, deren Meldungen über die Witterungsverhältnisse die Grundlage für die Wettervorhersage für den Flug- und Schiffsverkehr bilden.

9 **der Seehund,** hier eine Südrobbe, über 2 m lang. Gliedmaßen zu Flossen umgewandelt, sehr geschickter Schwimmer, auf dem Land bewegt er sich ungeschickt.

10 **das Expeditionsflugzeug,** ein modernes Hilfsmittel bei der Erforschung des Südpolargebietes.

11 **die Südpolarexpedition von 1958,** bei der von dem Polarforscher Vivian Fuchs der gewaltige Erdteil zum erstenmal durchquert wurde. Der mit modernsten Raupenschleppern zurückgelegte Weg ist als rote punktierte Linie auf der Karte eingetragen.

12 **der Seeleopard,** gehört zu den Robben, Säugetier. Dunkelgrau mit schwarzen und hellen Flecken. 3,50 m lang. Frißt Fische und Seevögel.

13 **der Polarforscher Roald Amundsen.** Er erreichte mit Hundeschlitten als erster 1911 den Südpol, sein Weg ist auf der Karte als rote unterbrochene Linie eingetragen.

14 **der Indische Ozean.** Er liegt zwischen dem Atlantischen und dem Stillen Ozean.

15 **Klein-Amerika,** Versorgungsstützpunkt und Flugplatz am Rande des Erdteils, Ausgangspunkt der amerikanischen Forschungsexpeditionen.

16 **die Forschungsstation,** eine ständig besetzte Beobachtungsstelle zur wissenschaftlichen Erforschung dieses Erdteiles, Antarktika, der von einer bis 1500 m dicken Eisschicht bedeckt ist.

17 **die Raubmöwe,** Flugkünstler. Kann selbst nicht Fische fangen, jagt deshalb anderen Vögeln, die einen Fisch erbeutet haben, die Beute ab.

18 **der Pottwal,** bis 23 m langes Meeressäugetier. Schwimmt 9 km und mehr in der Stunde. Verteidigt sich sehr hartnäckig. Fang nicht ungefährlich.

19 **der Buckelwal,** Meeressäugetier, bis 15 m lang, plumpe Gestalt, Gliedmaßen flossenähnlich. Dicke Speckschicht als Wärmeschutz.

20 **der Schwertwal (Raubwal),** räuberisches Meeressäugetier. Mehr als 1 m aus dem Wasser ragende Rückenfinne (Schwert). Männchen bis 9 m lang, Weibchen nur bis 6 m. Greift Delphine, Robben, ja selbst die größten Wale an.

21 **das Walfangschiff,** von dem aus der Wal mit einer Harpunenkanone erlegt wird. Zum Walfangmutterschiff gehören mehrere Fangboote. Das Mutterschiff ist wie eine Fabrik eingerichtet, mit Schlachtdeck und Kocherei. Hier wird der Wal zerlegt und verarbeitet (Walöl = Tran, Fleisch, Leder).

22 **das Feuerland,** die Südspitze von Südamerika.

23 **Australien** (die Südspitze des Erdteils) mit der Insel Tasmanien.

„Heute bekommen wir und der Mond Besuch!" verkündet Monika. Peter weiß sofort, was sie meint: Auf dem Mond wird zwischen 21 und 22 Uhr die Mondfähre „Eagle" — auf deutsch Adler — mit den beiden Astronauten Armstrong und Aldrin landen; bei der Familie Meyer ist übers Wochenende Mr. Bill Baker eingeladen. Der Vater hat ihn auf einer seiner Reisen kennengelernt. Mr. Baker ist Leutnant bei der amerikanischen Luftwaffe.

Meyers Besuch erscheint zur Teezeit gegen 17 Uhr. Nach den Begrüßungen und Vorstellungen erkundigt sich Mr. Baker: „Sagen Sie bitte, Herr Meyer, werden Sie sich heute abend die Mondlandung im Fernsehen anschauen?" Peter antwortet für seinen Vater: „Wir alle wollen das gern miterleben. Auch heute nacht, wenn die Astronauten aussteigen aus ihrer Mondfähre stehen wir alle auf und ..." Die Mutter unterbricht ihn: „Wir stehen nicht alle auf, mein Lieber, nur wer aufstehen will, soll sich einen Wecker stellen. Ich zum Beispiel werde mir die ganze Sache erst in der Wiederholungssendung gegen 7 Uhr früh ansehen." Monika schüttelt den Kopf: „Das verstehe ich nicht, Mami! So was kann man sich doch nicht entgehen lassen!" Peter meint: „Also, Mr. Baker, wenn ich Sie wecken soll um 3 Uhr, dann tu ich das gern." Der Leutnant lacht: „Ich habe einen Wecker mitgebracht, Peter. Sage doch bitte nicht Mr. Baker zu mir, wenn es dir nichts ausmacht. Sage einfach Bill, so nennen mich alle meine Freunde." Monika ist begeistert: „Das ist ja einfach toll. Da können Sie uns sicher alles erklären, weil Sie doch ein General sind, nicht? Darf ich auch Bill sagen?" „Natürlich darfst du, Monika", antwortet Mr. Baker, „ich bin aber kein General, sondern nur Leutnant." Der Besuch muß dann noch sehr viele Fragen der Kinder und der Eltern Meyer beantworten. Peter möchte unbedingt über die Schwerelosigkeit im Weltraum genau Bescheid wissen. Monika interessiert, wie die Astronauten essen und auf die Toilette gehen.

Als am Abend die Familie mit Herrn Baker vor dem Fernsehschirm sitzt, berichten abwechselnd ein Sprecher des Fernsehens und Herr Baker über die Mondreise:

Vor ein paar Tagen, am 16. Juli, ist die Rakete in Cape Kennedy gestartet. Der Flug wird vom Raumfahrtzentrum in Houston gelenkt und kontrolliert. Nach zwei Erdumrundungen verläßt die Rakete die Erdumlaufbahn und rast mit einer Geschwindigkeit von 40 000 km in der Stunde in Richtung Mond, der 380 000 km von der Erde entfernt ist.

Hier berichtet Mr. Baker über einen anderen Raumflug: „Die Schwerelosigkeit bei der Raumfahrt bedeutet, daß alle Gegenstände, auch die Menschen in der Kapsel, kein Gewicht mehr haben. Während des Fluges schwebt also alles. Einer der ersten Astronauten, J. H. Glenn, der 1962 in einer Raumkapsel dreimal um die Erde kreiste, hat erzählt, daß er mit einer Kamera eine Aufnahme machen wollte. Plötzlich mußte er an der Instrumententafel einen Hebel bedienen. Wohin jetzt mit der Filmkamera? Glenn hat das Gerät einfach neben sich in den Raum gestellt. Es blieb dort schwebend inmitten der Kapsel. Glenn bediente den Hebel und filmte nachher wieder weiter. Auf dem Mond herrscht dann wieder eine Schwerkraft, aber nur ein Sechstel der Erdschwerkraft." Da lacht Monika: „Ich wiege hier auf der Erde 36 kg. Wenn ich nun auf dem Mond wäre, hätte ich also ein Gewicht von 6 kg? Das ist aber komisch!"

Während dieser Zeit hat der Sprecher im Fernsehen berichtet, daß um 21 Uhr und 18 Minuten MEZ (mitteleuropäische Zeit) am Sonntag, dem 20. Juli 1969, ein von Menschenhand erbautes und gesteuertes Fahrzeug mit zwei Erdbewohnern auf dem Mond gelandet ist. Wenig später werden auch Bilder von der Mondoberfläche gezeigt. Es heißt dann: „In etwa 6 Stunden werden die Astronauten die Mondfähre verlassen und den Mond betreten." Die Familie Meyer geht schlafen.

Bis auf Peter sind um 3 Uhr nachts alle wieder vor dem Bildschirm versammelt. Monika wirkt noch etwas verschlafen. Also ist auch die Mutter aufgestanden. Mit einem Gähnen erkundigt sich Monika: „Was macht denn jetzt der dritte Mann da oben? Wo ist eigentlich mein Bruder Peter. Ich weiß jetzt immer noch nicht genau, wie die Mondleute essen und auf die Toilette gehen!" Herr Baker, Vater und Mutter lachen. Der Besuch antwortet: „Soviel Fragen auf einmal! Peter wird wohl seinen Wecker nicht gehört haben. Der dritte Mann da oben ist Michael Collins. Er umkreist jetzt mit seiner Raumkapsel den Mond. Wenn der Mondbesuch der beiden anderen, Neill Armstrong und Edwin Aldrin, bendet ist, wird die Mondfähre „Adler" vom Mond aus starten und wieder an die Kapsel angekoppelt." Vater fährt fort: „Die beiden Mondfahrer steigen aus der Fähre um in die Kapsel, die Fähre wird vom Raumschiff getrennt und bleibt als Müll im Weltall. Die Männer kommen dann zurück zur Erde."

Da erscheint auf dem Bildschirm plötzlich wieder das Bild vom Mond. Millionen und aber Millionen von Menschen auf der ganzen Erde sehen auf einmal, wie sich die Luke der Mondfähre „Adler" öffnet und der Kommandant Armstrong in seinem Raumanzug auf der Leiter auf den Mondboden heruntersteigt. Er sagt dabei: „Der Mondboden sieht aus wie Puder. Die Beine der Fähre haben sich einige Zentimeter tief in den Boden eingegraben. Nachdem er den Mond mit einem Fuß betreten hat, sagt er den berühmt gewordenen Satz: „Das ist ein kleiner Schritt für einen Mann, aber ein Riesensprung für die Menschheit."

Plötzlich springt Monika aus ihrem Sessel auf, rennt zur Tür und schreit durchs ganze Haus: „Peter! Peter! Alte Schlafmütze! Komm schnell! Da geht einer auf dem Mond spazieren!" Dann setzt sie sich wieder und schaut gespannt zu, wie Armstrong sich von der Mondfähre entfernt. Die Fußspuren, die er hinterläßt, sind im Mondstaub genau zu erkennen.

Einige Zeit später kommt auch der zweite Mondbesucher, Edwin Aldrin, aus der Mondfähre herausgeklettert. Inzwischen ist auch Peter eingetroffen. Er murmelt: „Guten Morgen alle zusammen. Muß wohl den Wecker überhört haben."

Monika ruft plötzlich: „Schau mal, wie der Aldrin da herumhüpft! Wie ein Känguruh macht er Sprünge!" Mr. Baker lacht: „Das tut er nicht aus Übermut. Es kommt von der geringeren Schwerkraft auf dem Mond, die will er uns zeigen." — „Ach ja", nickt Monika, „nur ein Sechstel!"

Die Mondbesucher stellen nun auf dem Erdtrabanten einige Geräte auf, darunter auch die amerikanische Flagge und eine Gedenkplatte mit folgender Inschrift:

Menschen vom Planeten Erde
setzten hier zum ersten Male ihren Fuß
auf den Mond.
Juli 1969 A. D.
Wir kamen in Frieden
für die ganze Menschheit.
Armstrong, Aldrin, Collins
Nixon

A Oceanus Procellarum = Stürmischer Ozean
B Mare Imbrium = Regenmeer
C Mare Serenitatis = Heiteres Meer
D Mare Tranquilitatis = Ruhiges Meer
E Mare Foecunditatis = Fruchtbares Meer
F Mare Humorum = Feuchtes Meer
G Mare Nubium = Wolkenmeer
H Mare Nectaris = Nektarmeer

I die Alpen mit dem Ringgebirge Plato
K der Kaukasus
L die Apenninen, westlich das Ringgebirge Eratosthenes
M die Karpaten mit dem Ringgebirge Kopernikus
N das Ringgebirge Ptolemäus

O Apollo 11-Landeplatz, an dieser Stelle betraten am 20. Juli 1969 zum erstenmal Menschen den Mond.
P Apollo 12-Landeplatz; zweite bemannte Mondlandung am 19. November 1969.
Q Apollo 14-Landeplatz; dritte bemannte Mondlandung am 5. Februar 1971.
R Apollo 15-Landeplatz; vierte bemannte Mondlandung am 30. Juli 1971.

UNITED
STATES

„Da entsteht jetzt der teuerste Müllplatz der Welt", berichtet Mr. Baker. „Alles, was nicht mehr für den Rückflug gebraucht wird, bleibt auf dem Mond zurück, damit die Mondfähre leichter ist. Eine Fernsehkamera für 350 000 Dollar, ein Fotoapparat für 11 000 Dollar, eine Filmkamera für 50 000 Dollar und noch einiges mehr."

Nachdem Armstrong und Aldrin die Gesteinsproben vom Mond in die Fähre gebracht haben, steigen sie wieder die Leiter hinauf und verschließen die Luke von innen.

Der Fernsehapparat wird ausgeschaltet, und Mr. Baker beantwortet Monikas Frage nach dem Essen der Astronauten: „Im Raumschiff essen die Männer Nahrung aus Tuben. Sie drücken es aus den Tuben in Aluminiumbeutel, vermischen es mit heißem Wasser und können es dann mit einem Löffel essen. Schwieriger ist es schon mit den Ausscheidungen. Ärzte und Ingenieure haben sich das lange überlegt. Urin und Darmausscheidungen werden in Plastikbeuteln aufgefangen. Keimtötende Mittel kommen hinzu und die Beutel werden dicht verschlossen. Im Raumschiff ist dafür extra ein Behälter vorhanden. Übrigens, wenn sich die Männer auf dem Mond befinden, nennt man sie nicht Astronauten. Dort heißen sie Lunauten, von Luna — der Mond."

Es gibt noch viel zu erzählen. Monika und Peter quetschen den armen Leutnant Baker so recht aus. Als er sich am nächsten Tag von seinen Gastgebern verabschiedet, meint er: „Wenn ich darf, möchte ich gern gelegentlich wiederkommen. Mir hat es sehr gut bei Ihnen gefallen. Ich bedanke mich sehr für die freundliche Einladung." Peter, Monika und auch die Eltern haben nichts dagegen. Übrigens sind die Mondbesucher insgesamt 21 Stunden auf dem Mond gewesen. Die Mondfähre „Adler" hob sich planmäßig wieder vom Mondboden ab, koppelte planmäßig an das Raumschiff an und die Kapsel, an drei riesigen Fallschirmen hängend, mit den drei Astronauten an Bord, tauchte ebenso planmäßig in die Wasserfläche des Pazifik ein.

Es sind nach dieser ersten Mondlandung noch weitere erfolgt. Du kannst auf dem Bild sogar sehen, daß die Apollo 15 ein Mondauto mitgenommen hatte. Auf Seite 132 findest du weitere Tatsachen über den Mond. Auf einer ganzen Seite sind einige Raumschiffe und Satelliten abgebildet.

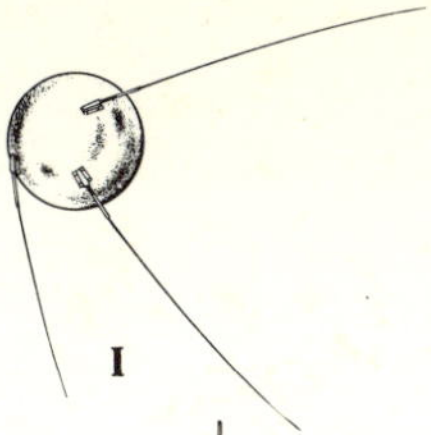
I

I. Sputnik 1

Start: 4.10.1957. Erster Erdsatellit überhaupt (Sowjetunion); kugelförmige Gerätezelle von 58 cm Durchmesser und 83 kg Masse mit 4 Stabantennen. Aufgaben: Abstrahlung von Ortungssignalen und Meßwerten über Innentemperatur und -druck sowie den Luftdichteverlauf in der Hochatmosphäre.

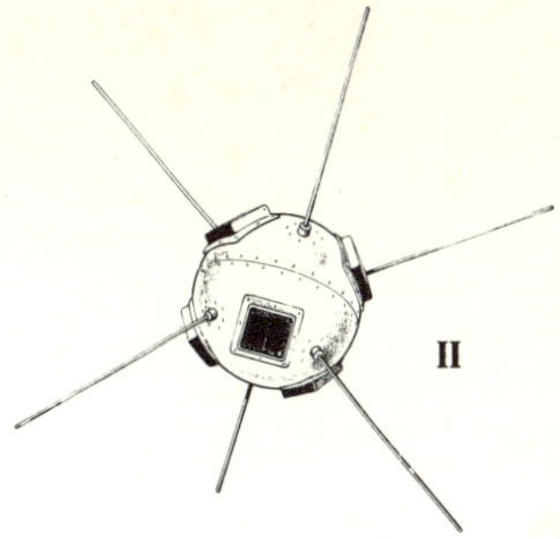
II

II. Vanguard 1

Start: 17.3.1958. Amerikanischer künstlicher Erdsatellit. Kugelförmiger Testsatellit von 16 cm Durchmesser und 1,48 kg Masse. Aufgabe: Messung der Erdgestalt.

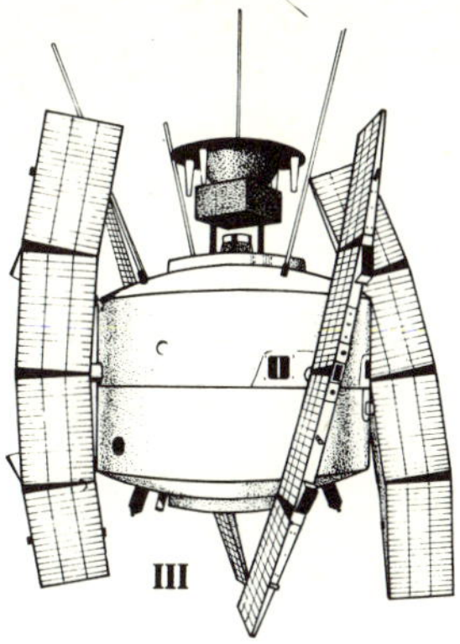
III

III. Explorer 7

Start: 13.10.1959. Amerikanischer Satellitenkörper mit 4 Sonnenzellenauslegern und 228 m langen Antennen zur Messung der Radioemission von Himmelskörpern und Materieströmen im Weltraum.

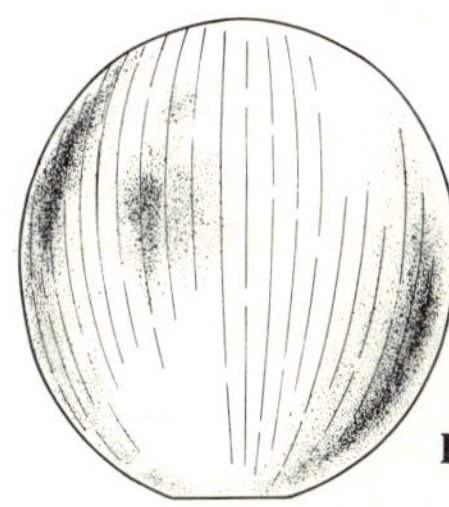
IV

IV. Echo 1

Start: 12.8.1960. Amerikanischer passiver Nachrichtensatellit (Ballonsatellit), dessen Oberfläche einen dünnen metallischen Belag aufweist und auftreffende Funksignale zur Erde zurücksendet. Durchmesser 30,5 m, Gewicht 76 kg. Aufgaben: Messung der Luftdichte und des Strahlungsdrucks der Sonne.

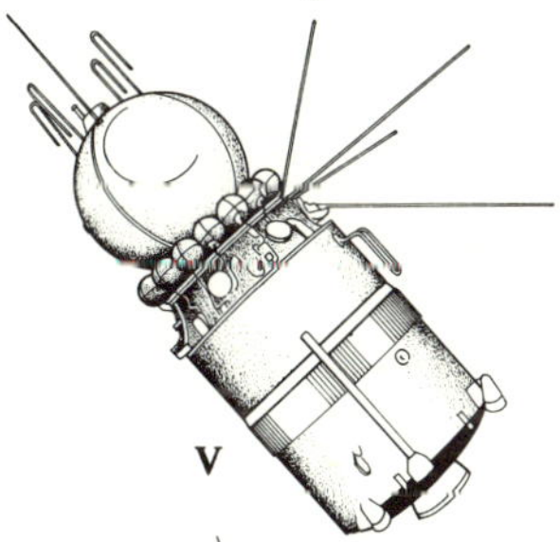
V

V. Wostok 1

Start: 12.4.1961. Erster sowjetischer bemannter (J. Gagarin) Weltraumkörper, der nach einem Erdumlauf von 108 Minuten wieder auf der Erde landete.

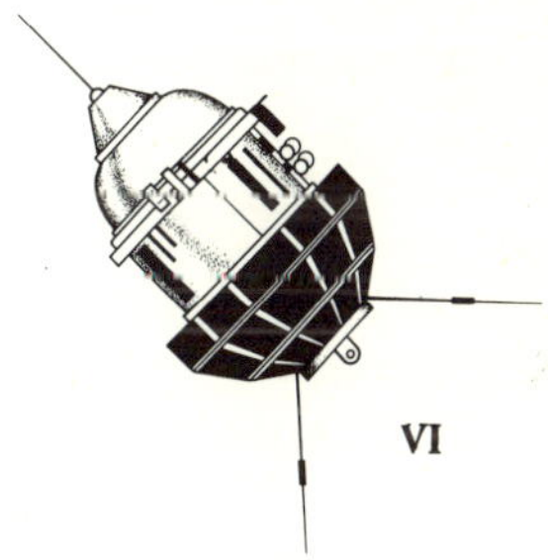
VI

VI. Kosmos 1

Start: 16.3.1962. Unbemannter sowjetischer Erdsatellit. Aufgaben: Untersuchung des erdnahen Weltraums (Ionosphäre und innerer Strahlungsgürtel).

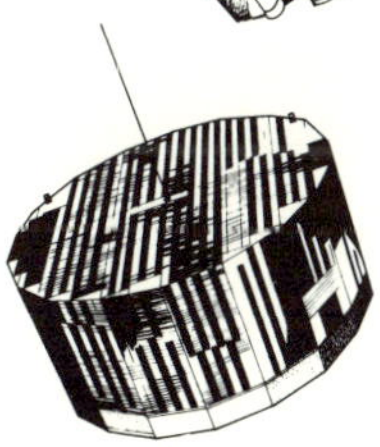
VII

VII. Telstar 1

Start: 10.7.1962. Aktiver amerikanischer Nachrichtensatellit in Kugelform, auf dessen Oberfläche 3600 Sonnenzellen untergebracht sind. Aufgabe: Transkontinentale Erprobung von Fernmelde- und Fernsehverbindungen für Übertragungen von Kontinent zu Kontinent.

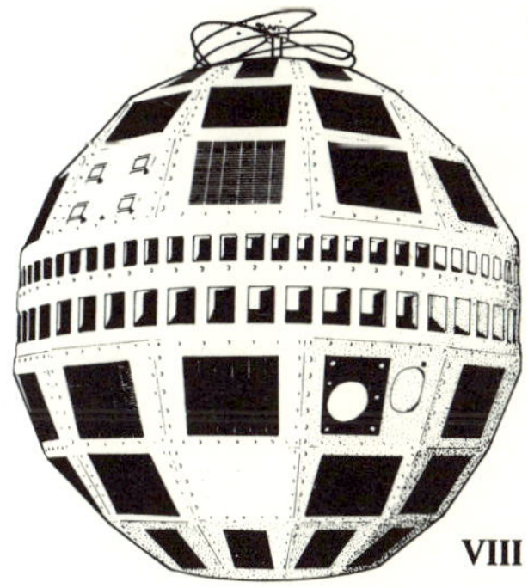
VIII

VIII. Tiros 9

Start: 22.1.1965. Amerikanischer Fernseh- und Infrarot-Beobachtungssatellit. Aufgaben: Wettersatellit zur Beobachtung der Bildung, Verteilung und Struktur von Wolkenformationen.

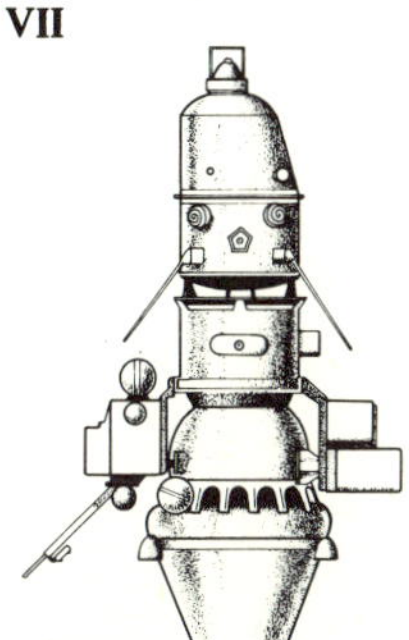
IX

IX. Luna 10

Start: 31.3.1966. Sowjetische Mondsonde, erster künstlicher Satellit des Mondes. Aufgaben: Untersuchung des Magnetfeldes des Mondes.

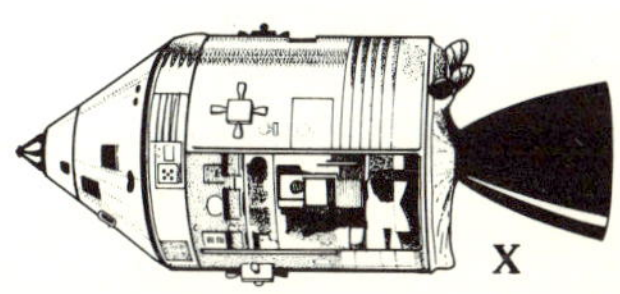
X

X. Apollo 15

Start: 26.7.1971. Bemannter amerikanischer Mondflug mit den Astronauten David Scott, Alfred Worden und James Irwin. Scott und Irwin blieben insgesamt etwa 67 Stunden zur Erforschung der Mondoberfläche auf dem Erdtrabanten und konnten sich dort auch mit Hilfe eines Mondgeländewagens fortbewegen. Bild: Apollo-Mutterschiff in der Mondumlaufbahn.

Wissenswerte Tatsachen über den Mond

Der Mond ist ein Trabant unserer Erde, d. h. er befindet sich dauernd in der Nähe des Planeten Erde.

Seine Entfernung von der Erde schwankt, da sich der Mond — die Erde ruhend gedacht — in einer Ellipsenbahn um sie bewegt. Die größte Entfernung von der Erde beträgt etwa 405 000 km; die kleinste Entfernung von der Erde beträgt etwa 363 000 km; die mittlere Entfernung von der Erde beträgt etwa 384 000 km. Der wahre Durchmesser des Mondes (0,27 des Erddurchmessers) beträgt 3476 km.

Die Umlaufzeit des Mondes um die Erde — von Neumond zu Neumond — beträgt 29 Tage, 12 Stunden, 44 Minuten und 3 Sekunden. Die Temperatur auf der Mondoberfläche bei Sonnenstand + 130 Grad; die Temperatur auf der dunklen Nachtseite des Mondes — 150 Grad. Der Mond zeigt der Erde stets dieselbe Seite.

Mondfinsternis:

Es gibt totale und teilweise Mondfinsternisse. Bei Mondfinsternissen tritt die Erde zwischen Sonne und Mond.

a) **Vollmond mit teilweiser Mondfinsternis:**
Der Mond durchläuft den Halbschatten der Erde und streift nur den Kernschatten der Erde

(Zeichnung) a)

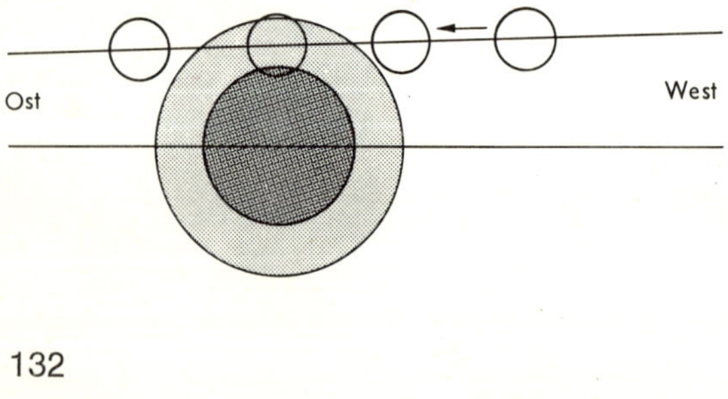

b) **Vollmond mit totaler Mondfinsternis:**
Der Mond geht nacheinander durch den Halbschatten, den Kernschatten und wieder durch den Halbschatten der Erde. Dieser Vorgang dauert bei totaler Verfinsterung etwa 4 Stunden.

(Zeichnung) b)

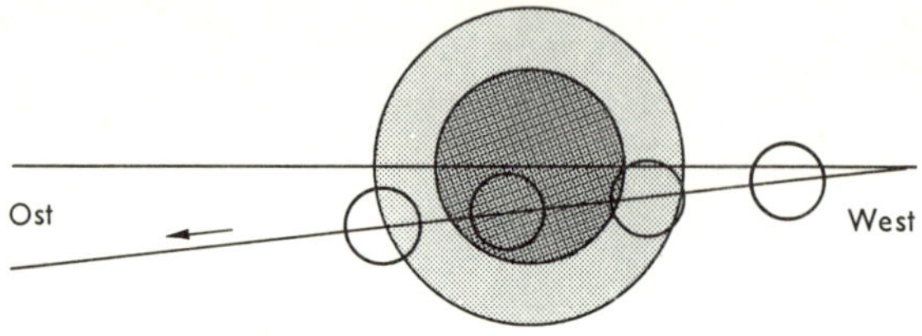

Die nächsten totalen Mondfinsternisse sind:
30. 1. 1972;
29. 11. 1974;
25. 5. und 18. 11. 1975;
24. 3. und 16. 9. 1978;
6. 9. 1979;
9. 1., 6. 7. und 30. 12. 1982;
4. 5. und 28. 10. 1985;
24. 4. und 17. 10. 1986;
20. 2. und 17. 8. 1989;
9. 2. 1990;
9. 12. 1992;
4. 6. und 29. 11. 1993;
4. 4. und 27. 9. 1996;
16. 9. 1997;
21. 1. 2000.

Der Sternhimmel in unseren Breiten im Herbst